NO
CHEMI

정채림
지음

누구나 쉽~게
노케미 하우스

'화학 없는' 삶이 가능한
우리집 만들기

bs
브레인스토어

CONTENTS

CHAPTER

3 화학 없는 삶 - 실전편

CONTENTS

CONTENTS

INTRO

노케미 시작하기

'노케미(No-chemi)'라는 말, 들어보셨나요?
이 영단어를 그대로 번역하면 '화학 없는' 이라는 뜻이지요. 지금 이 책을 손에 든 여러분은 "정말 화학 없는 삶이 가능해?"하며 내심 고개를 갸웃하고 계실지도 몰라요. 어쩌면 천연 살림이라니 왠지 문명을 거부해야 할 것 같다고 생각하실지도 모르고요.
처음 노케미 생활을 마음먹었던 일 년 전의 저도 마냥 서툴고 막막했어요. 화학제품은 죄다 버려야 하는 건지, 대체 어디까지가 천연인 건지 혼란스럽기만 했지요. 이럴 때 누군가 조언을 해주면 참 좋겠는데, 안타깝게도 노케미에 대한 정보는 그리 많지 않았어요. 야심차게 도전했다가 실패로 끝나버린 수많은 취미생활이 눈앞에 아른거렸답니다.
그제야 곰곰 돌아보니 이런 생각이 들었어요. 이미 우리가 살고 있는 우주에 존재하는 물질의 99%가 수소와 헬륨이라는 화학물질이라고 해요. 그러니 '노케미'라는 단어의 참뜻은 화학 그 자체가 없는 삶이 아니라, '유해한 화학물질 없는 삶'이었던 것이죠. 재밌게도, 노케미 생활을 위해서는 화학을 알아야 했던 거예요.

이렇게 조금씩 시작한 노케미 생활은 흥미로운 발견의 연속이었어요. 내 삶이나 건강이 달라지는 발견, 생활 속 화학물질의 유해성에 대한 발견, 천연에 대한 발견까지요. 흔히 '천연'이라고 알려져 있는 것들이 알고 보면 화학물질이라는 것, 또 알려진 '천연세제 레시피'들이 잘못된 사용법이라는 사실도 깨닫게 되었지요.

그러니까 이 책은 촉감에 대한 이야기입니다. 화학이나 세제라곤 알지도 못 했던 제가 직접 공부하고, 부딪히고, 시행착오를 겪으며 천연 살림과 가까워지는 이야기지요. 화학 없는 삶은 가능했어요. 그것도 불과 일 년 만에, 아주 간단하고 재밌게요. 여러분도 노케미의 문을 두드리고 싶단 마음이 살포시 드셨다면, 이 책이 친절한 조언자가 되어드릴 거예요. 이제 노케미 하우스의 문을 함께 열어볼까요?

CHAPTER

1

침묵의 살인자, 화학제품

1

화학물질의 오해와 진실

화학물질에 대한 논란이 연일 헤드라인을 장식하면서, '화학'이라는 단어만 들어도 본능적으로 반감이 들곤 합니다. 하지만 화학제품이라고 해서 무조건 나쁜 것은 아닙니다. 영어로 독(poison)과 약(potion)은 potio라는 라틴어에 어원을 같이 두고 있는 단어라고 하지요. 예로부터 뱀독은 사람도 죽이는 맹독으로 통했지만 같은 뱀독이 현대에는 항암제로 쓰이기도 합니다. 약과 독은 극과 극의 개념이 아니라, 같은 물질의 양면성일 수 있다는 것이지요.

화학물질 역시 마찬가지입니다. 현대에서 살아가면서, 모든 화학물질을 삶에서 배제한다면 하루하루가 매우 불편해 질 것입니다. 그 이전에 '화학물질 제로'라는 삶의 방식이 가능하지도 않을 것이고요.

뒤에서 자세히 살펴보겠지만, 우리가 흔히 천연세제라고 생각하는 베이킹소다, 구연산, 과탄산소다 역시 엄밀히 말하면 화학적인 방법을 통해 추출되었기에 '100% 천연' 이라고는 할 수 없습니다('천연에 가까운' 정도로 이해하면 되겠습니다). 이들도 모두 화학식으로 나타낼 수 있는 물질이고, 또 화학식을 이해해야 효율적으로 사용할 수 있는 물질들이지요. '화학'이라면 종류불문 싫다는 케미포비아라면, 공기나 물, 천연 원료도 모두 화학식으로 나타낼 수 있다는 사실을 잊어서는 안 됩니다.

유해한 화학물질의 '대체품'이라고 해서 무조건 안전한 것도 아닙니다. 대개 우리나라에서는 한 가지 물질이 문제가 되면 그와 비슷한 화학물질을 '대체품', 'Free 식품'이라며 위험에서 완전히 벗어난 것처럼 광고하곤 했습니다. 그러나 문제가 되는 물질과 같은 기능을 하는 다른 화학물질은, 대개 비슷한 구조를 가졌기에 인체에도 비슷한 영향을 끼치므로 눈 가리고 아웅인 경우가 많습니다. 또한 안전하다고 여겨지는 화학물질 역시, 정말 단점이 없는 것이 아니라 아직까지 충분히 상용화되지 않아 부작용을 미처 발견하지 못했을 가능성도 있습니다. 결함 없는 신생 화학물질보다 오히려 오랫동안 사용되어 부작용이 모두 밝혀진 물질이 안전할 수도 있는 것입니다.

'100% 천연'이라고 하더라도 공정방법이 불투명하거나 보관 실수로 변질된다면 화학제품보다 위험해지기도 합니다. 한때 유행했던 노푸(No Shampoo의 줄임말)는, 계면활성제 성분이 든 샴푸를 사용하지 않고 베이킹소다로 대체함으로써 모발 건강을 유지하는 방법입니다. 그러나 두피 기름기가 많은 사람이 무작정 따라하다가는 오히려 모공에 피지와 각질이 쌓여 탈모를 유발할 수도 있다는 부작용이 있었습니다.

'천연'에서 추출한 '안전한' 화학물질이라고 광고되는 코코베타인은 사실 발암물질을 함유하고 있습니다. 많은 어머니들이 아이를 위해 돈과 시간을 들여 코코베타인 세탁세제를 만들었는데 말입니다. '안전하다더라'는 말만 덜컥 믿고 사는 게 위험한 것은 가습기 살균제나 천연 물질이나 마찬가지입니다. 바꾸어 말하면, 천연 제품을 사용할 때도 화학적 지식과 현명한 판단이 필요합니다.

그러므로 중요한 것은 무조건적인 화학제품의 배척이나 천연제품에 대한 믿음이 아니라, 지식입니다. '왜' 저건 안 되고 이건 되는가를 알고, 화학물질이 적절히 사용되면 우리 삶을 윤택하게 해 줄 수 있다는 사실을 깨닫게 됩니다. 나쁜 것은 화학 그 자체가 아니라, 인공적으로 만들어진 유해 화학물질들과 그것을 사용하는 기업의 비도덕적 태도입니다. 하지만 현행 제도로는 유해논란이 있는 모든 제품에 제재를 가할 수 없어 그 어떤 것보다 소비자의 현명한 판단이 가장 중요합니다. '유해한 화학' 없는 삶을 위해서는, 화학을 알아야 합니다.

문제가 되는 대표적인 물질들

'인류세'라는 말 들어보셨나요? 1945년 이후 인구가 급격하게 증가하면서 자연환경이 파괴되고, 플라스틱 등의 화학물질 생산이 폭발적으로 증가했습니다. 이때를 기점으로 지구의 세대가 바뀌었다고 보는 지질학적 주장이지요. 2차 대전 이후 만들어진 플라스틱을 랩으로 만들면 지구를 한 바퀴 둘러쌀 수도 있다는 연구 결과를 보면 현재 지구의 환경체계가 유해물질로 인해 얼마나 큰 변화를 겪고 있는지 짐작해 볼 수 있지요. 노케미 생활을 시작하기 전에, 문제가 되는 대표적인 물질들과 그 이유를 먼저 정확히 알아봅시다. 그리고 이 물질들을 대체할 수 있는 천연세제 레시피, 이 물질들을 피할 수 있는 생활 수칙을 살펴볼 거예요.

문제가 되는 대표적인 물질들

탈취제

➔⇨⇨ 가습기 살균제로 시작된 화학제품 유해성 논란이 가장 먼저 번진 곳이 바로 섬유탈취제입니다. 시중에서 가장 판매량이 많은 섬유탈취제는 가습기살균제와 같은 계열 성분인 벤즈아이소씨아졸리온(BIT), 제4기 암모늄클로라이드를 포함하고 있어서 큰 논란이 되기도 했죠.

항균 제품

➔⇨⇨ 트리클로산은 미생물을 죽이는 항균 기능을 지니고 있어, 세균, 곰팡이를 제거하는 소독약, 각종 항균제품, 치약, 가글 등에 사용됩니다. 미국 캘리포니아대 연구팀에 따르면 트리클로산은 간섬유화와 암을 발생시킬 수 있다고 합니다. 여성의 경우 가슴 지방조직에 트리클로산이 축적되기 때문에 모유 수유 시 아이에게 전달될 수 있습니다. 트리클로산은 스킨, 로션 등 피부에 직접 흡수되는 제품에서는 사용될 수 없지만, 클렌징 폼이나 액상 비누처럼 씻어내는 인체세정용 제품류와 냄새 제거를 위한 데오드란트, 물티슈에는 제한적으로 사용이 허가되어 있습니다.

샴푸

➔⇨⇨ 샴푸나 바디워시에 계면활성제로 사용되는 소듐라우릴 설페이트, 소듐 라우레스 설페이트 등은 피부자극을 주어 탈모나 아토피, 피부염을 유발할 수 있습니다. 이런 제품들은 매일매일 피부에 직접 사용하기 때문에 더욱 주의가 필요합니다.

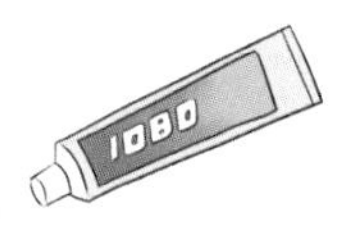

치약

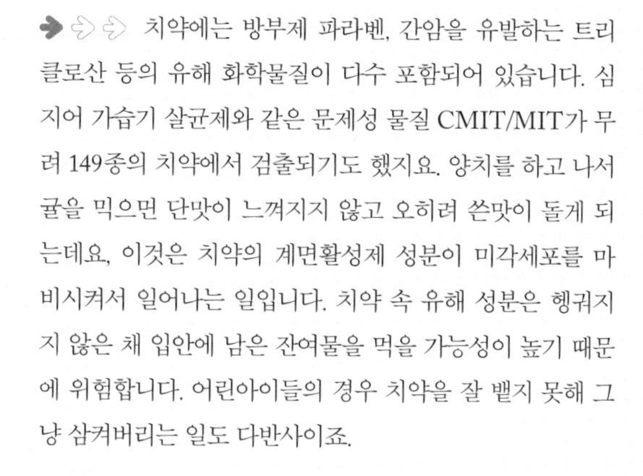

치약에는 방부제 파라벤, 간암을 유발하는 트리클로산 등의 유해 화학물질이 다수 포함되어 있습니다. 심지어 가습기 살균제와 같은 문제성 물질 CMIT/MIT가 무려 149종의 치약에서 검출되기도 했지요. 양치를 하고 나서 귤을 먹으면 단맛이 느껴지지 않고 오히려 쓴맛이 돌게 되는데요, 이것은 치약의 계면활성제 성분이 미각세포를 마비시켜서 일어나는 일입니다. 치약 속 유해 성분은 헹궈지지 않은 채 입안에 남은 잔여물을 먹을 가능성이 높기 때문에 위험합니다. 어린아이들의 경우 치약을 잘 뱉지 못해 그냥 삼켜버리는 일도 다반사이죠.

살충제

대부분의 모기 살충제 주성분인 프탈트린은 성인의 성호르몬에 악영향을 미쳐 불임의 원인이 될 수 있고, 아이들에게는 주의력 결핍 과잉행동장애(ADHD)의 위험을 높일 수 있습니다. 프탈트린은 2014년 체내 축적 위험을 근거로 자동분사형 살충제에서 금지되었지만 스프레이형 살충제에는 여전히 쓰이고 있습니다. 모기 기피제에 사용되는 디에칠톨루아미드(DEET)의 경우 인체에 축적될 수 있으며, 피부에 남은 잔여물이 두드러기를 일으킬 수 있으므로 어린아이들이나 임산부들은 사용을 피하는 것이 바람직합니다.

문제가 되는 대표적인 물질들

주방세제

주방세제에 사용되는 계면활성제 알킬페놀류는 내분비계 교란물질의 일종입니다. 내분비계 교란물질, 일명 환경호르몬은 남성 정자 수를 감소시키거나 여성 자궁내막증의 원인이 되고 극심한 생리통을 유발하는 등 성호르몬에 악영향을 미칩니다. 또 제조과정에서 발암물질인 1.4다이옥산을 생성하기도 하지요.

섬유유연제

섬유유연제에 포함된 유독물질 논란은 방부제, 내분비계 교란물질, 발암 물질 등 다양한 영역에서 끊이지 않고 있지요. 시중에 판매되는 섬유유연제는 옷감 유연성을 위해 소수성 물질로 옷감을 코팅하며, 진한 향기를 내기 위해 가향 화학물질을 첨가합니다. 이런 섬유유연제 잔여물이 다 씻기지 않고 옷감에 남아 우리 피부에 접촉하면 알레르기나 두드러기를 유발할 수 있습니다. 뿐만 아니라, 섬유유연제를 넣은 빨래를 말리는 과정에서 공기 중에 기화된 물질이 호흡기를 통해 들어올 수도 있어요.

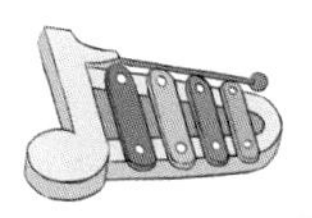

장난감

➔⇨⇨ 플라스틱을 부드럽게 만드는 물질인 가소제 프탈레이트는 내분비계 교란물질의 일종으로, 화장품, 장난감, 세제, 향수 등에 사용됩니다. 프탈레이트에 노출된 아이들은 주의력 결핍장애에 걸릴 확률이 높아지며, 남성 정자의 DNA 손상을 일으키기도 합니다. 프탈레이트는 플라스틱 소재의 어린이 완구, 학용품 등에서 빈번하게 검출되기 때문에 특히 문제가 됩니다.

벽지 & 가구 접착제

➔⇨⇨ 포름알데히드는 우리에게 영화 〈괴물〉로 익숙한 물질입니다. 영화 속에서 한강에 버려진 포름알데히드로 인해 무시무시한 괴물이 탄생하게 되지요. 세계보건기구에서 1급 발암물질로 규정하기도 한 포름알데히드는 사실 벽지나 가구 접착제로 우리 주변 실내에 광범위하게 사용되고 있습니다. 포름알데히드는 비염, 아토피, 천식 등 각종 피부과와 호흡기 질환에 주요 원인이 됩니다. 특히 2세 미만 어린이들은 포름알데히드에 성인 대비 10배 이상 취약한 것으로 알려져 있습니다. 임산부가 고농도의 포름알데히드에 노출될 경우 아이가 아토피를 앓을 가능성이 높다고도 합니다.

문제가 되는 대표적인 물질들

코팅 프라이팬

과불화화합물(PFCs, Perfluorinated Compounds)은 탄소와 불소가 결합된 물질로, 물과 기름에 저항하는 발수성이 좋기 때문에 프라이팬 코팅과 의류 방수처리에 쓰입니다. 특히 코팅제 테플론은 내열성이 높아 눌어붙지 않는 프라이팬을 만드는 데에 널리 사용되는데, 이 테플론의 주원료 퍼플루오로옥탄산은 암을 유발하고 내분비계를 교란시킵니다. 높은 온도에서 오랫동안 코팅 프라이팬, 코팅 냄비를 가열하거나 세게 긁어서 코팅이 벗겨지면 식품과 함께 이 유해물질을 섭취하므로 큰 문제가 되지요. 뿐만 아니라 코팅이 벗겨진 프라이팬에 열을 가하면 코팅제 일부가 기화되어 코로 들이마실 가능성도 있습니다. 체내에 축적된 과불화화합물은 호르몬 교란을 일으키며, 당뇨나 뇌혈관 질환에도 영향을 미치게 됩니다.

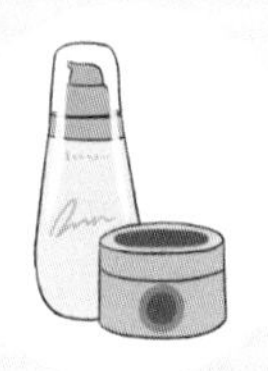

화장품

화장품에서 가장 문제가 되는 물질은 바로 파라벤입니다. 파라벤은 화장품의 미생물 오염을 막고 유통기한을 늘리기 위한 방부제 용도로 널리 사용되고 있지요. 당장 손에 닿는 화장품 아무거나 뒤면 전성분을 확인해 봐도, '에틸파라벤', '부틸파라벤'등의 이름을 어렵지 않게 발견할 수 있어요. EWG는 파라벤을 내분비 교란물질로 규성하고 있습니다. 파라벤의 분자 구조는 여성호르몬 에스트로겐과 결합하기 쉬운 구조를 띄고 있어 호르몬을 교란하고 소량 사용도 유방암 유발 가능성을 높이는 것으로 알려져 있습니다. 또 피부에 염증을 일으키고 기미, 주름을 만들기도 합니다. '파라벤 free'라고 광고하는 제품이라고 해도, 다른 방부제 성분이 들어가 있기 마련입니다. 예를 들면, 파라벤의 대체재로 각광받은 페녹시에탄올 역시 피부 자극을 유발하는 물질이라는 논란이 있습니다.

립스틱 & 어린이용 장신구

중금속류는 대표적으로 납(Pb), 카드뮴(Cd), 니켈(N), 비소(As) 등을 포함합니다. 독성이 강해 중독을 일으키며, 신경계, 면역계에 악영향을 미칩니다. 쉽게 배출되지 않고 체내에 축적되는 것이 특징으로, 미량이라도 오랜 기간 체내에 쌓이면 부작용을 일으킵니다. 화장품 립스틱의 색과 광택을 더해주는 기능이 있어, 립스틱에 포함되어 있는 물질로도 유명합니다. 납, 카드뮴, 수은 등은 어린아이의 지능 발달을 지연시키며, 뇌신경계에 영향을 미쳐 주의력결핍 과잉행동장애를 유발할 수도 있습니다. 피부에 접촉했을 경우 피부를 자극하여 알레르기를 유발하거나 각종 피부질환을 유발할 수도 있습니다. 기준치가 법적으로 정해져 있지만 거의 매년 어린이날마다 '중금속 장난감'에 대한 기사가 나올 정도로 관리가 허술한 영역이기도 하지요.

3

현행 제도

그런데, 현행 제도로는 이런 물질들을 모두 제어할 수 없습니다.

비스페놀A처럼 1950년대부터 널리 사용되어 그만큼 연구가 많이 진행된 물질도 아직까지 연구의 신빙성에 대한 논란과 함께 유해성과 기준치에 대한 갑론을박이 끊이지 않고 있어요. 논란이 계속되는 이유는 여러 가지가 있습니다. 개중에는 자본과 도덕적 양심의 문제도 있지만, 근본적으로는 현재의 연구방법이 화학물질의 유해성을 완전히 평가하기에는 불완전한 탓이 큽니다. 이 물질이 유해한지 아닌지를 생각해 보기 전에, 유해성을 과연 '어떻게' 평가할 것인지 생각해 봅시다.

유해성 평가에는 여러 어려움이 따릅니다. 먼저, 화학물질을 접촉하는 방법에 차이가 있습니다. 같은 물질이라도 피부로 접촉할 때와 분무기로 들이마실 때 인체에 미치는 영향이 다를 것입니다. 또 A라는 물질은 소량만 섭취해도 해로운데 비해, B라는 물질은 소량 섭취시에는 별다른 유해성이 없지만 아주 대량으로 노출될 경우 사망까지 이르게 할 수 있다고 가정해 봅시다. 그렇다면 둘 중 어느 물질이 더 '해롭다'고 말해야 할까요? 게다가 전술한 대로 같은 방법으로 노출된 같은 양의 같은 화학물질이더라도, 개개인의 신체 상태별로 다른 반응이 나타나게 됩니다. 그렇다고 해서 화학물질 안전성 평가를 위해 인체실험을 시행하기도 힘든 노릇입니다.

열심히 연구를 진행해도, 매 해 200여 개의 화학물질이 새롭게 등장합니다. 그러니 현재 국내에 유통되는 화학물질 중 안전성이 확인된 물질은 약 15% 정도밖에 되지 않습니다.

상황이 이렇다 보니, 최대한 소비자의 안전을 보장하는 쪽으로 법이 만들어져야 합니다. 우리나라도 유해물질별로 기준치를 규정해놓고 있지만, 규정치 이하로는 인체에 효과가 미미하다는 입장입니다. 그러나 효과가 미미하다는 것은 절대 물질 자체가 안전하다는 의미는 될 수 없습니다. 유해물질은 성별, 나이, 신체 상태별로 적정량이 다를 수 있기 때문에, 임산부나 노인, 어린아이, 환자의 경우 기준치 미만이라도 민감한 반응을 나타낼 수 있습니다. 또한 건강한 성인도 생활패턴에 따라 각 물질을 사용하는 빈도와 사용법 사용량이 다릅니다. 미량이라도 오랫동안 생활에서 노출될 경우 인체에 누적되어 어떤 영향을 미칠지 장담할 수 없습니다.

법의 사각지대도 많습니다. 가습기 살균제로 수많은 피해자가 발생한 이후, 각부 각처에서는 '재발 방지'를 약속했지요. 대대적인 조사와 회수조치가 이루어지기도 했고요. 이렇게 한바탕 소동을 겪고 전국에 드리운 불안과 공포가 미처 가시지도 않은 2016년 10월, 시중에 유통되는 149종의 치약에 가습기 살균제 성분이 포함되어 있다는 사실이 드러났습니다. 정부는 뒤늦게 '미량이라 위해성이 없다'는 연구결과를 발표했지요. 그런데 중요한 점은 미량이든 다량이든, 문제가 되는 CMIT/MIT는 현행법상 치약에 사용이 금지된 물질이라는 사실입니다. 독성물질이 든 치약 그 자체만큼이나 헐거운 법의 그물망이 아찔합니다. 또 어떤 유해물질이 아무런 제재 없이 유통되고 있을지 믿을 수 없으니까요. 심지어 가습기 살균제 치약은 정부나 식약처에서 적발해낸 것도 아니라, 국회의원 국정감사에서 밝혀진 사실이었죠. 이 일련의 소동으로 우리는 큰 교훈을 얻게 됩니다. 지금까지 시정되지 않은 현실이, 미래에 쉽게 바뀔 리 없겠구나!

다른 예시도 살펴볼까요? 매년 뉴스에서 잊을 만하면 등장하는 주제 중 하나가 '어린이용 용품', '학용품' 등에서 검출된 유해물질 이야기입니다. 적발하고 또 해도 내년이면 또 새로 적발된다는 게 신기할 정도에요. 그런데, 현행법상 내분비계 교란물질을 포함하고 있는 학용품이 적발된다고 하더라도, 판매 중지 및 회수조치만 내릴 수 있을 뿐이어서 제조사에 실질적인 처벌이 이루어지지 않습니다. 심지어 바로 그 판매 중지나 사용 금지 조치조차 늦을 때가 많습니다. 예를 들면 트리클로산이 간 섬유화를 진행시킨다는 이유로 논란이 일어난 지 무려 2년 만에 치약과 가글에서 사용이 금지되었지요. 그동안 생산된 재고는 이미 소리 소문 없이 다 팔린 뒤입니다. 그러니 비슷한 논란, 비슷한 불안이 계속 반복될 수밖에요.

이런 것을 보면 법이 소비자보다 제조사 쪽에 많은 관용을 베푼다는 느낌이 듭니다. 유해물질이 포함된 생활물질의 용도 변경 시 반드시 위해성 평가 자료 등을 제출하도록 한 법 조항은 2012년 삭제되었습니다. '업계에 과도한 부담을 준다'는 것이 대통령 직속 규제개혁위원회의 입장이었습니다. 그런데 같은 물질이라도, 피부로 접촉하느냐 혹은 호흡기로 들이마시느냐에 따라 안전성이 천차만별로 달라집니다. 한국을 큰 충격에 빠트린 가습기 살균제 사건 역시 이런 맥락에서 일어난 비극이었습니다. 문제가 되는 폴리헥사메틸렌 구아니딘(PHMG)은 피부 접촉 시 독성은 낮지만 호흡기로 흡입 시 매우 치명적인 물질로 알려져 있어요. 하지만 가습기 살균제 사건 당시 한국의 유해화학물질관리법은 흡입독성 평가도 없이 유독물에 해당되지 않는다는 평가를 내렸습니다. 미국의 독성물질규제법(TSCA)이나 유럽연합의 화학물질규제법(REACH), 일본의 화학물질의 심사 및 제조

등에 관한 법률은 양이온성 고분자 화합물의 용도변경 시 독성 심사를 의무화하고 있는 것과 대조되는 처사이지요.

또, 화학제품 제조과정상 비밀로 판단되면 전성분을 공개하지 않아도 됩니다. 특히 향을 내는 화학물질의 경우 포괄하여 '향료'라고만 표기해도 되지요. 참고로 이렇게 무엇이 들어있는지도 모르는 합성향료(Fragrance)는 스킨딥 위험도가 무려 8등급이나 됩니다. 소비자인 우리가 접근할 수 있는 정보는 극히 한정적이며, 그렇기에 우리는 항상 화학제품 뒷면 라벨에서 [첨가물 : OO,XX, 기타] 라는, 무시무시한 글자 '기타 등등'을 마주하게 되는 것이지요.

화장품이나 공산품, 가구는 정부의 인증기준이 불분명하거나 낮아서 제품 선택에 별 도움이 되지 않는 경우입니다. 화장품의 경우, '천연'의 기준에 관한 명확한 가이드라인이 없기 때문에, 불과 0.1%만 천연 원료가 포함되어도 '천연화장품'으로 광고할 수 있습니다. 게다가 원료의 재배 방법이나 처리 과정에 관한 기준도 없는 데다 제조과정이 공개되지도 않기 때문에 소비자로서는 시판되는 제품이 천연 화장품인가를 명확히 알 수 없습니다. 다만 '유기농 화장품'의 경우에만 화장품 전 성분 중 95% 이상이 유기농 원료이면서 전 성분의 10% 이상이 유기농 원료인 화장품으로 식품의약안전처 가이드라인에 의거해 관리하고 있습니다.

안전성 실험을 거친 공산품에는 국가통합인증마크(KC마크)를 부착하게 됩니다. 이 마크는 정부 공인 최소 인증 기준으로, 소비자가 가장 쉽게 확인할 수 있는 안전성 마크입니다. 그러나 허위로 마크를 표시하거나 인증을 통과한 뒤 원료를 바꿔 생산하는 일도 비일비재합니다. 가습기 살균제 역시 지난 2007년 KC마크를 획득했었지요. 가습기 살균제와 같은 PHMG를 사용하다 적발된 한 신발 탈취제 제품 역시 KC인증을 받은 제품이었습니다.

국가기술표준원의 가구 자재 등급 역시 선진국에 비해 인증기준이 매우 낮습니다. 우리나라에서는 발암물질인 포름알데히드 방출량 1.5mg 이하인 E1등급부터 친환경자재로 광고하는 반면, 이웃나라 일본에서는 포름알데히드 방출량이 0.3mg 이상인 경우, 유럽연합에서는 0.4mg 이상인 경우 가구의 실내 사용이 금지되어 있습니다.

게다가 무분별한 '친환경' 표시는 소비자를 더 혼란스럽게 합니다. 친환경, 천연, 무해, 100% 등 광고 문구가 넘치지만 기준이나 규제 방법이 명확하지 않아 혼돈을 불러옵니다. 어떤 제품은 제조공정에서 온실가스를 줄이고 저탄소 공법을 적용하여 자연에 친환경적이지만, 인체와는 별 관련이 없기도 합니다. 반대로 인간에게는 좋지만 제조공정에서 자연을 파괴하는 경우도 있습니다. 그러니 내가 찾는 '친환경' 마크가 어떤 의미인지도 꼭 따져봐야겠죠.

'정상적인 사회'라면 '안전'하다는 공고를 마음 놓고 믿을 수 있어야 하겠지만, 적어도 지금 우리 사회는 거기 해당되지 않는 것 같습니다. 소비자들은 경계심을 늦추지 말아야 합니다.

화학물질의 유해, 안전성에 대한 연구 방법은 지금 이 순간에도 개선, 진화되고 있습니다. 그러나 현재로서는 광고를 맹신하기보다, 유해성 논란이 있는 물질에 노출되는 것을 최대한 줄이는 것이 최선입니다.

노케미를 의심하다

essay 1

만일 사람이 확신을 가지고 무엇인가를 시작한다면 의혹으로 끝날 것이다.
그러나 의혹을 가지고 시작함으로써 확신으로 끝날 것이다.
_ 프랜시스 베이컨, 〈학문의 진보〉

제가 의심이 많은 사람이 되라고 권유한다면 몇몇 분들은 고개를 갸웃할지도 몰라요. 하지만 일단 '노케미에 관심 있는 사람'이라면 화학과 기성제품에 대해 의심을 품고 있다고 추리해 볼 수 있지요.
사실 인류 역사에서 화학물질이 사용된 지는 그리 오래되지 않았습니다. 수은 등 자연적으로 존재하는 물질을 제외하고, 인공적으로 생성

또는 합성된 화학물질이 널리 이용되기 시작한 것은 산업혁명 이후입니다. 다들 아시다시피, 산업혁명 이후 인류의 역사는 철저히 자본주의 발전방식에 따랐습니다. '돈이 되는 것'이 공장의 최고 가치였기 때문에 화학물질들은 충분한 검증 없이 통용되기 시작했습니다. 즉 어떤 물질의 유해성에 대한 검증은 그 물질로 인한 부작용이나 피해가 발생한 후에 사후적으로 이루어집니다. 불과 몇 십 년 전까지 우리나라에서는 기미를 없애기 위해 수은연고를 발랐습니다. 미나마타병이 발견되고 나서야 수은의 위험성이 대두되고 사용이 제한되었지요. 그러니 시중에 유통되는 많은 물질들에 적절한 기준치가 없거나 안정성 테스트가 시행되지 않은 것도 그렇게 놀랄 일만은 아닙니다.

자, 이렇게 생존을 위해 의심을 들고일어난 노케미족의 시작을 지켜봅시다. 노케미 생활은 과연 '어떻게' 실천할 수 있을까요? 다행스럽게도 21세기는 바야흐로 정보의 시대이기도 하죠. 사전을 뒤적이거나 도서관을 방황할 필요 없이, 터치 몇 번이면 못 찾는 이야기가 없답니다. 화학 없는 삶에 대한 정보를 찾는 것도 그리 어려운 일이 아닙니다. 그런데 오히려 정보가 너무 많기 때문에 막상 손을 대려니 어디부터 시작해야 할지, 그리고 왜 이렇게 필요한 게 많아 보이는지 괴롭기도 합니다. '참 쉬운' 요리 프로그램을 따라 하려면 일단 냉장고에 로즈마리도 있고, 발사믹 식초도 있어야 하는 상황이라고 할까요. 비누에 5g를 넣기 위해 1L 용액을 사야 한다면 배보다 배꼽이 큰 건 아닌지 괜히 스스로를 되돌아보게 됩니다.

게다가 너무 많은 정보가 있기 때문에 오히려 어떤 정보가 옳은 것인지 판단할 수 없게 됩니다. 블로그의 '천연 세정법'을 따라하다가, 포스팅처럼 깨끗이 닦이지 않아서 고개를 갸웃하신 적은 없나요? 다들 정말 좋다는데 왜 나만 시원찮은 건지 고민하다가 그냥 에라 모르겠다, 주방세제를 집어든 적은 없나요? 혹은 '천연 원료'라는 인터넷 쇼핑몰을 덜컥 믿고 아무 제품이나 산 경험은 없나요? 확신이 의심으로 끝났던 경험들 말이에요.

'화학 없는 삶'을 살기 위해서는 '화학'을 이용해야 한다는 역설이 여기 있습니다. 유해 화학물질을 천연재료로 대체하려면, 사용하는 기성 제품에서 문제가 되는 물질들이 무엇인지, 현행 제도의 허점이 무엇인지 알아야 합니다. 그리고 천연재료가 정말 천연인지, 어떤 작용으로 기능하는지를 알아야 하기 때문입니다. 우리 아기에게 좀 더 좋은 것을 해주려다 오히려 아기를 해치게 된 가습기 살균제 사건의 비극적인 모습이, 다시 반복되어서는 안 될 것입니다.

우리는 지금 의심할 때에요. '화학'그 자체뿐만 아니라, 화학 없이 살겠다는 '노케미'라는 삶의 방식을요. '의심'이라고 하면 부정적인 이미지가 먼저 떠오르죠. 그런데 세상에는 나쁜 의심뿐만 아니라 좋은 의심도 있어요. 우리는 그걸 합리적 의심이라고 불러요. 지금 필요한 의심은 사람에 대한 게 아니라 정보에 대한 합리적 의심이에요.

제 노케미 생활의 토대 역시 의심입니다. 정말 베이킹소다가 탈취능력이 있는지, 빨래가 표백된 게 일시적인 작용은 아닌 건지, 100% 안전한 건지, 끊임없이 의심하지 않았다면 아무런 발전도 생각도 없는 삶으로 수렴하고 말았겠죠. 과거의 제가 아무런 의심 없이 섬유유연제를 사용했던 것과 마찬가지로요. '아는 만큼 보인다'고 했던가요, 알면 알수록 의심이 늘어가고, 의심이 늘어갈수록 조금 더 검증된 방법을 찾게 됩니다. 아마 평생 우리는 의심하고 공부해야겠지만, '왜?' 라는 질문이 남아있는 한 조금씩 확신에 가까워질 거예요.

#1 알면 못씁니다

CHAPTER

2

'천연'의 진실

2016년 '노케미족'이라는 단어가 처음 등장한 이후 오픈마켓에서 '천연 세제 3총사'라고 불리는 베이킹소다, 구연산, 과탄산소다 매출이 전년도 같은 기간 대비 70% 이상 증가했다고 합니다. 이들 셋만 있으면 어떤 곳이든 깨끗하게 청소할 수 있다는 '간증'후기가 블로그와 카페에 넘치면서 이들은 만능 가루로 통하고 있습니다. 그런데, 부엌에서, 마트에서 쉽게 구할 수 있는 천연 물질들은 어떤 원리로 세정력을 발휘하고, 냄새를 잡고, 화학물질을 대체하게 되는 것일까요? 정말 이들은 그렇게 만능인 것일까요?
더 나아가, 안전성이 검증된 화학물질을 직접 구매하여 첨가물 없는 세제를 만들고자 하는 사람들도 늘었지요. 판매자도 '안전'하다고 말하고, 블로그에서도 공방에서도 수백 명이 천연 세제 재료로 사용하는데다가, 뉴스나 신문에서도 소개되는 레시피라면 일반적인 소비자는 별 의심 없이 구매하여 따라 하기 쉽습니다. 그런데, 원료나 정식 명칭이 제대로 명시되지도 않은 '안전한' 물질을 과연 신뢰할 수 있을까요? 우리는 정보를 양으로만 평가하여 '많은'

말들을 너무 쉽게 신뢰하고 있는 것은 아닐까요?
예를 들면 천연 세탁세제 레시피로 많은 사랑을 받은 코코베타인이나, 천연 클렌징오일 레시피로 자주 사용되는 올리브 리퀴드는 둘 다 안전한 성분이 아닙니다. 코코베타인(코카미도 프로필 베타인, Cocamido propyl betaince)은 2B급 발암물질인 아크릴로니트릴을 부산물로 생성하고, 올리브 리퀴드는 PEG계열의 계면활성제이지요. 핸드워시를 만들기 위해 사용하라는 '물비누 베이스'의 정체는 무엇인지, 소분해서 파는 '천연 에센셜 오일'은 정말 '천연'인지 우리는 알 수 없음에도 '천연, 안전, 1등급'이라는 말을 너무나 쉽게 믿어버리고 말아요. 공기를 깨끗하게, 안전하게 만들기 위해 의심 없이 사용했던 가습기 살균제의 사례를 잊어서는 안 됩니다.
먼저 가장 대중적인 천연 물질인 일명 '베구산'부터, 본격적인 천연 제품 만들기를 시도하는 분들이 구매하는 천연 유래 계면활성제의 진실까지 차근차근 알아보도록 합시다.

베이킹소다 * Sodium Hydrogen Carbonate

우리가 베이킹소다라고 부르는 물질의 정확한 국문명은 이탄산나트륨, 더 익숙한 이름은 탄산수소나트륨(화학식, $NaHCO_3$)입니다. 그러므로 엄밀히 따지자면 화학물질이지만, 독성이 없고 어떤 노출경로에서도 부작용이 나타나지 않아 식용으로도 사용되는 안전한 물질입니다. 베이킹파우더와 헷갈리기 쉽지만, 베이킹파우더는 베이킹소다를 주원료로 하여 전분과 건조제 성분을 배합한 물질입니다.

베이킹소다의 특징과 기능은 다음과 같습니다. 베이킹소다가 물에 녹으면 가수분해되어 Na^+와 HCO_3^-로 분해됩니다. HCO_3^-는 물의 H_2O와 반응하여 H_2CO_3 + OH^-가 됩니다. 이때 수산화기 OH^-가 염기성을 띄는 물질입니다.

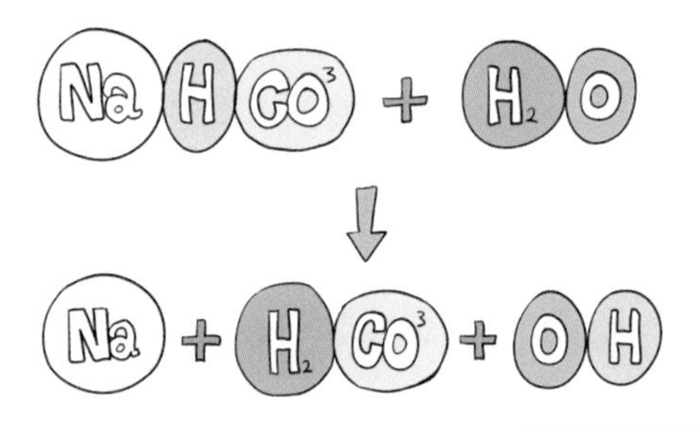

기름때를 비롯한 일반적인 생활 오염들과 악취는 산성(H^+)을 띄고 있습니다. 약알칼리성 수산화기 OH^-가 산성 오염 H^+과 만나면 중화작용이 발

생합니다. 베이킹소다와 만난 각종 기름때는 중화되어 수용성으로 변화하기 때문에 물걸레로 닦아도 오염된 곳이 깨끗하게 닦이게 됩니다. 한편 HCO_3^-는 H_2O와 만나 이산화탄소를 발생시킵니다. 애초에 베이킹소다가 '베이킹'에 사용되는 이유도 이 이산화탄소 발생이 빵 반죽을 부풀어 오르게 만들기 때문인데요, 미세한 기포가 발생하면서 물리적 자극이 일어나 찌든 때를 더 잘 녹일 수 있게 됩니다.
그런데, 사실 베이킹소다는 알려진 대로 마냥 만능 가루가 아닙니다. 베이킹소다는 pH8 정도로, 강한 알칼리성이 아니기 때문이지요. 그 자체가 기름때를 제거하는 세정력은 아주 크지 않으며, 베이킹소다를 사용하면 오염물질 제거를 조금 더 수월하게 할 수 있다고 보는 편이 적절합니다.
한편 베이킹소다는 작고 강도가 높지 않은 결정을 가지고 있습니다. 가스레인지 표면 등에 베이킹소다를 뿌려서 닦을 때는 베이킹소다에서 만들어지는 수산화기의 화학적 작용과 더불어, 다 녹지 않은 결정들이 제품과 수세미 사이에서 마찰을 일으키는 물리적 작용도 하기 때문에 오염 부위가 잘 닦이는 것입니다. 베이킹소다 결정은 물에 잘 녹는 특징도 있습니다. 베이킹소다에 물을 조금만 섞어도 결정 모서리가 부드러워지기 때문에 마찰하면서도 작용하는 물체 표면에 손상을 주지 않을 수 있습니다.
베이킹소다가 큰 능력을 발휘하는 곳은 기름때 제거보다는 악취 제거 쪽입니다. 악취의 산성을 중화시켜 제거하는 것이죠. 게다가 베이킹소다는 알칼리성인 암모니아와 반응하는 성질도 가지고 있습니다. 즉, 예외적인 몇몇 알칼리성 악취도 흡수할 수 있는 것이죠. 소변, 아기 기저귀, 생선 비린내, 체취 등 알칼리성 냄새에도 베이킹소다를 뿌리면 악취 제거 효과가

좋습니다. 이런 중화작용을 응용하여 벌레에 물린 독을 중화시키거나, 겨드랑이 암내를 없애거나, 음식물 쓰레기 등의 악취를 잡을 수 있습니다.

베이킹소다는 연수화 작용도 합니다. 해외여행에 가서 머릿결이 뻣뻣해진 경험 한 번쯤 겪어 보셨을 것 같아요. 이건 기분 탓이 아니라, 실제로 물의 종류가 경수와 연수로 나뉘기 때문입니다. 물속 칼슘이나 마그네슘 이온 함량을 측정하여 수치화한 것을 경도라고 하는데, 경도가 높은 것이 경수, 낮은 것을 연수라고 부릅니다. 경수를 사용하면 칼슘이나 마그네슘 등이 머리칼에 달라붙게 됩니다. 이럴 때 베이킹소다를 물에 풀면 베이킹소다가 물에 녹으면서 칼슘, 마그네슘과 같은 금속 이온을 흡착하여 물을 보다 더 부드럽게 만들어줍니다. 유럽이나 미국의 물은 경수인 데 반해, 한국이나 일본 수돗물은 대부분 연수이므로 한국에서는 큰 효과를 보기는 힘듭니다. 하지만 이렇게 금속 이온을 흡착하는 특성을 가진 덕분에 청소 시 칼슘, 마그네슘 때를 제거하는 데에도 좋은 효과를 볼 수 있지요.

이 밖에 건조된 베이킹소다 분말은 습기를 빨아들이는 흡습성이 뛰어납니다. 신발장이나 옷장 등에 두면 제습제로 활용할 수 있습니다. 이는 그만큼 습도에 민감하다는 의미도 되므로 꼭 밀폐해서 건조한 곳에 보관해야 합니다. 대용량 구매했을 경우 빈 플라스틱 통에 소분해서 보관하면 편리하게 사용할 수 있어요.

TIP

우리가 때를 제거하고 세균을 없애는 원리는 바로 '중화'입니다. 알카리성 때는 산성으로, 산성 때는 알카리성으로 중화시켜서 제거하는 것이죠.

구연산

* Citric Acid

구연산(화학식, $C_6H_8O_7$)은 무색물질의 염기성 결정체로, 오렌지, 레몬 등의 과일에도 포함되어 있는 유기 화합물입니다. 오렌지를 먹었을 때 신맛이 나는 이유 중 하나도 바로 이 구연산이에요. 식품첨가물로서 탄산음료나 각종 가공식품에 첨가되기도 하는 안전한 물질입니다.

구연산은 산성으로, 탄수화물, 단백질, 지방을 모두 분해할 수 있는 것이 특징입니다. 마그네슘, 칼슘 등 금속 이온을 흡착하는 기능을 합니다. 흡착 시 가라앉는 베이킹소다와 달리 침전되지 않으므로 경수를 더 좋은 연수로 바꿀 수 있습니다.

구연산은 균의 수를 줄이는 정균작용을 합니다. 균을 모두 죽이는 멸균과, 균을 대부분 죽이는 살균작용보다는 약하지만 미생물 수를 일상적으로 줄일 수 있습니다. 식초 역시 산성이므로 구연산과 비슷한 작용을 하지만, 구연산이 더 저렴하고 정균력이 세 배 정도 높으며, 식초 특유의 시큼한 냄새도 나지 않는다는 장점이 있기 때문에 살림에 활용도가 더 높습니다.

구연산은 산성이라는 특징 때문에 몇 가지 주의할 점이 있습니다. 먼저, 락스 등 염소와 함께 사용해서는 안 됩니다. 또 철이나 스테인리스 용기에 보관할 경우 용기가 부식될 수 있으므로 되도록 유리나 플라스틱에 보관하도록 합시다. 구연산 가루 역시 흡습성이 있으므로 꼭 밀폐해서 보관합니다. 보통 청소용으로 2% 구연산수를 사용하는데요, 물 200g에 구연산 1 티스푼을 넣으면 됩니다. 식초를 이용할 때에는 물과 1:1비율로 섞어서 사용합니다.

과탄산소다

*** Sodium Bicarbonate**

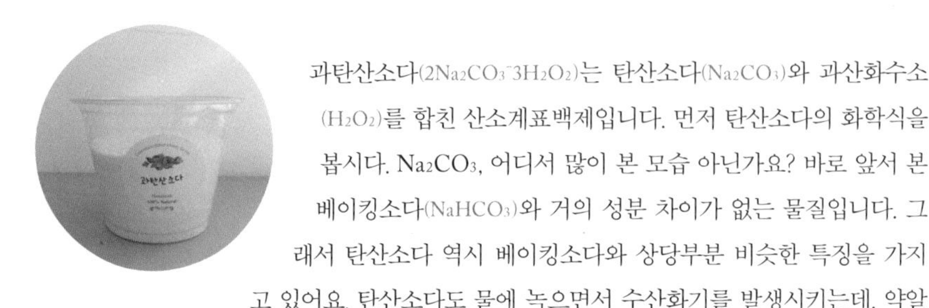

과탄산소다($2Na_2CO_3 \cdot 3H_2O_2$)는 탄산소다(Na_2CO_3)와 과산화수소(H_2O_2)를 합친 산소계표백제입니다. 먼저 탄산소다의 화학식을 봅시다. Na_2CO_3, 어디서 많이 본 모습 아닌가요? 바로 앞서 본 베이킹소다($NaHCO_3$)와 거의 성분 차이가 없는 물질입니다. 그래서 탄산소다 역시 베이킹소다와 상당부분 비슷한 특징을 가지고 있어요. 탄산소다도 물에 녹으면서 수산화기를 발생시키는데, 약알칼리성인 베이킹소다와 달리 아주 강한 알칼리성입니다. 베이킹소다와는 산도가 약 100배 정도 차이나기 때문에 세정작용이 훨씬 뛰어납니다.

과산화수소의 화학식은 H_2O_2로 물과 산소가 1:1로 결합한 형태입니다.

과탄산소다는 물에 녹으면 다시 탄산소다와 과산화수소로 분리됩니다. 탄산소다는 베이킹소다가 그러하듯 수산화기를 발생시켜 세정작용을 하고, 과산화수소는 다시 산소와 물로 분해되면서 활성산소가 발생합니다. 시중에서 판매되는 표백제 중 많은 제품들도 바로 이 산화작용을 원리 삼아 섬유를 표백합니다. 그래서 과탄산소다로 빨래를 하면 표백이나 살균효과를 기대할 수 있지요. 락스 같은 염소계 표백제와는 달리 독성 물질이 없으며 의류 변색의 위험성이 없으므로 안전합니다. 또, 물과 과탄산소다가 반응하는 과정에서 비누의 원료인 수산화나트륨이 생성되지요.

베이킹소다와 비슷한 분자식, 비슷한 원리를 가진 데에서 알 수 있듯이, 탄산소다나 과탄산소다도 구연산, 식초 등의 산(acid)과 함께 사용하면 세정력이 떨어지게 됩니다. 또 굳이 약알칼리성 베이킹소다와 강알칼리성인 과탄산소다를 섞어서 쓸 이유도 없겠죠. 어차피 과탄산소다 안에 베이킹소다의 역할이 다 포함되어 있다는 사실! 꼭 기억해 주세요.

하지만 베이킹소다와 달리 알칼리성이 강해 식용이 아니므로 식품이나 식기류에는 사용해서는 안 됩니다. 맨손으로 만지거나 피부에 직접 접촉하는 것도 좋지 않으므로 고무장갑을 끼고 사용합시다.

과탄산소다는 40도 이상의 뜨거운 물일 때 세정효과가 더 좋으므로, 뜨거운 물에 녹여서 사용하도록 합니다. 체온이 36.5도이므로 40도 이상의 물은 손이 닿았을 때 따뜻~뜨겁다는 느낌이 드는 온도입니다. 이때 발생하는 거품은 인체에 무해하므로 안심해도 됩니다.

화학식

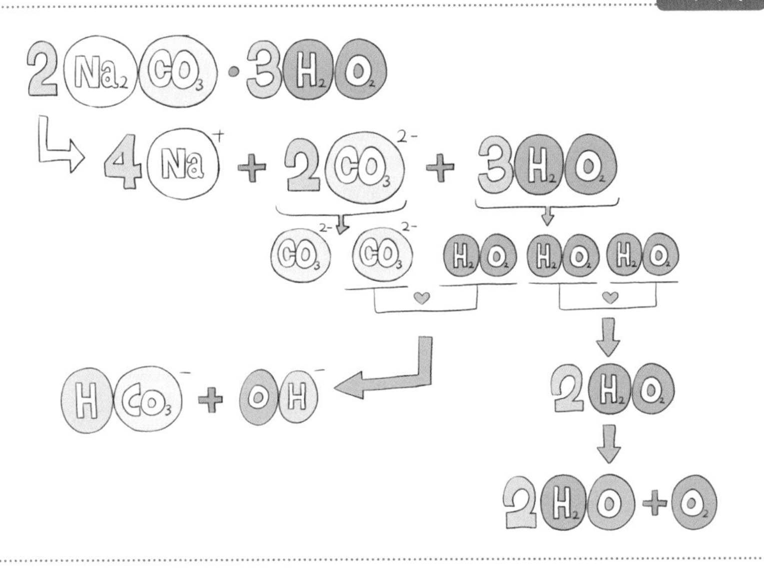

EM

*** Effective Microorganisms**

Effective Microorganisms의 약자로, 유용미생물이라는 뜻입니다. 자연계에 존재하는 효모균, 유산균, 누룩균, 광합성세균, 방선균 등 80종 이상의 미생물로 구성되어 있는 액체입니다. EM 원액은 친환경 매장이나 인터넷을 통해 1L당 5천 원 내외로 구매할 수 있습니다. 주민센터에서 무료로 나눠주거나 몇 백원에 팔기도 하니, 확인해 보세요.

그런데 이런 미생물들이 어떻게 청소, 빨래 등을 도울 수 있을까요? 유용미생물 속 효모균은 항산화물질과 아미노산, 비타민, 미네랄 등을 생성하며, 유산균은 유기산(acid)를 생성하여 정균작용을 합니다. 또 유용미생물은 오염물질 속의 유해균을 억제하고 유익성 균의 증식을 도와 유익균 비율을 높입니다. 악취 제거, 기름때 제거 등에 탁월한 기능을 발휘하며, 폴리페놀 등 항산화 물질을 생성하여 수도관이나 음식 등의 산화를 막습니다. 뿐만 아니라 자연에서는 유기물질을 분해하여 수질을 정화하는 기능까지 합니다. 주민센터 등 행정기관에서 EM 사용을 권장하고 나눠주기도 하는 이유 역시 가정의 EM 사용이 강이나 바다 수질 정화에 도움이 되기 때문입니다. 2007년 태안반도에 기름유출 사고가 일어났을 때에도 EM 활성액을 이용하여 기름띠를 제거하고 바다 수질을 정화하기도 했었답니다. 인간과 자연 모두에게 이로운 물질인 것이지요.

EM은 현재까지 부작용 보고 사례가 없을 정도로 안전한, 친환경적인 물질입니다. 이렇게 만능 EM도 주의점이 있습니다. 식용 EM은 별도로 제조하게 되므로, 일반 EM 원액이나 활성액은 먹거나 식품에 사용하면 절대 안 돼요!

EM은 원액을 간단히 희석해서 사용할 수도 있지만, 활성액을 만들면 살림에 더욱 유용하게 사용할 수 있습니다. 원액 상태의 유용미생물에 쌀뜨물과 당밀, 설탕 등을 넣으면 유용미생물이 발효되어 활성화되고 유익균 수가 증가합니다. 쌀뜨물을 재활용하여 만드는 과정은 자연에도 긍정적 영향을 미칩니다. 본래 쌀뜨물을 그대로 흘려버리면 수질을 오염시키는 폐수가 되는데, 쌀뜨물을 EM 활성액으로 활용하면 물을 정화시키는 작용을 하기 때문이죠.

EM 만들기

❶ 먼저 2L 페트병에 쌀뜨물을 2/3 정도 넣습니다. 이때 쌀뜨물은 쌀을 씻은 두 번째 물을 쓰는 것이 좋습니다. 겨울엔 물을 따뜻하게 데워서 사용하면 발효가 더 잘 일어납니다. 쌀의 종류는 백미뿐만 아니라 찹쌀, 보리, 현미 혼합도 사용할 수 있지만, 현미만 씻은 물은 사용할 수 없습니다.··· ❷ 설탕 두 큰 술, 소금 한 티스푼, EM 원액 두 큰 술을 넣은 후, 살살 충분히 흔들어줍니다. 이후 따뜻한 곳에서 약 일주일 정도 발효시킵니다. 따뜻한 밥솥이나 냉장고 근처가 좋겠죠. 직사광선이 들지 않는 곳이어야 합니다.··· ❸ 활성액이 발효하며 가스가 나와서 병이 빵빵해지면 뚜껑을 열어 가스를 빼줘야 합니다. 여름에는 하루에 한 번 정도, 겨울에는 2~3일에 한 번 정도 빼줍니다. 4~7일 정도 지나 더 이상 가스가 나오지 않고, 시큼한 막걸리 냄새가 난다면 완성!··· ❹ 이렇게 만든 EM 활성액은 실온에 보관하고, 3~4주 정도 사용할 수 있어요. 간혹 원액이나 발효액 위에 흰 곰팡이가 생기기도 하는데, 이는 해롭지 않으므로 굳이 제거하지 않아도 됩니다. 이렇게 만든 EM 활성액은 pH2정도의 산성입니다. 사용 시에는 50-100배 정도의 비율로 희석해서 사용하는 것이 좋습니다.

소금

*** Salt**

락스와 같은 표백제를 염소(Cl)계 표백제라고 부릅니다. 그런데 소금은 염화나트륨으로, 화학식을 보면(NaCl)입니다. 즉, 나트륨이온과 염소이온이 결합된 물질인 것이죠. 소금의 대부분이 나트륨이라는 일반적 상식과 달리, 나트륨과 염소는 4:6 정도의 비율로 결합되어 있습니다. 여기서 염소는 살균, 소독, 표백 기능이 있지요. 그래서 소금으로 청소를 하거나 빨래를 하면 표백효과와 살균효과를 볼 수 있어요.

소금 그 자체도 흡습성이 좋아 제습제로도 사용할 수 있습니다.

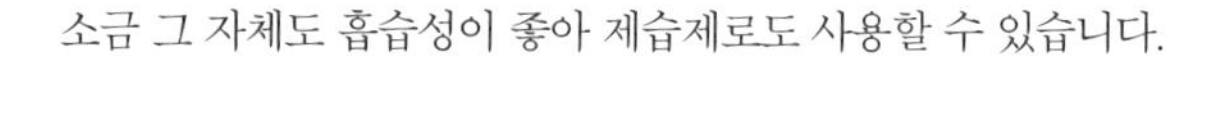

간단 상식

여러 종류의 계면활성제를 섞어 쓰는 이유는? 계면활성제의 역할이 세정, 유화, 거품 촉진 등 여러 가지가 있기 때문입니다. 예를 들면 세정력이 높은 음이온성 계면활성제와 거품이 잘 나는 비이온성 계면활성제를 섞어 쓰는 식이지요.

순한 세정용 계면활성제 성분

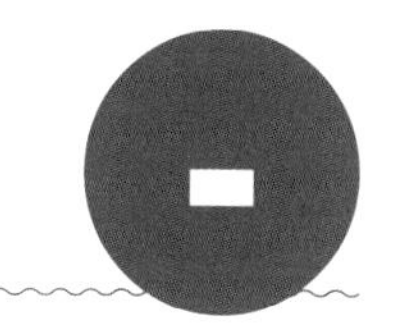

자극이 큰 계면활성제 대신 천연성분에서 추출한 순한 계면활성제를 활용하면 건강과 환경을 모두 지킬 수 있어요. 예를 들면 코코글루코사이드, 데실글루코사이드, 라우릴글루코사이드, 사과주스에서 추출한 애플워시 등이 있습니다. 이런 저자극 계면활성제는 아기 피부나 아토피 피부에 사용해도 안전합니다.

❶ 애플워시(소듐 코코일 애플 아미노산, sodium cocoyl apple amino acids)

사과주스에서 추출한 음이온계면활성제입니다. 스킨딥 등급도 가장 낮은 등급으로, 어린아이나 민감한 아토피 피부, 반려동물에게 사용해도 안전한 순한 천연 계면활성제입니다. 자극이 약하고 순한 만큼 세정력은 낮기 때문에 빨래나 청소용 보다는 피부에 직접 닿는 클렌징용이나 아기용으로 적절합니다.

❷ 알킬 글루코사이드 비이온성 계면활성제로, 코코넛, 옥수수, 감자에서 추출한 데실 글루코사이드, 라우릴 글루코사이드, 코코 글루코사이드를 이릅니다. 알킬 글루코사이드 계면활성제는 순하지만 염기성이 pH13 정도로 매우 강하므로 사용 시 반드시 구연산을 넣어 산도를 맞춰주어야 합니다.

a. 데실글루코사이드(dedyl glusoside, 일명 코나코파) 자극이 약하고 아주 순한 만큼 세정력은 낮은 편이기 때문에 피부나 신체에 사용하기 적합합니다. 점도가 묽은 편입니다.

b. 라우릴 글루코사이드, c. 코코 글루코사이드 세정력이 좋고 점도가 높아서 따로 점증제를 사용하지 않아도 샴푸나 바디워시의 끈적한 점도를 낼 수 있어요.

❸ 포타슘(칼륨)**코코베이트, 포타슘올리베이트** 포타슘이라는 용어가 낯설게 느껴지지만, 사실 독일어 칼륨의 영어식 표현이 포타슘이랍니다. 코코넛오일과 수산화칼륨을 비누화시키면 포타슘코코에이트, 올리브 오일과 반응시키면 포타슘 올리베이트가 됩니다. 즉, 물비누 성분의 천연 계면활성제라고 보면 됩니다.

안전한 유화용 계면활성제 성분

올리브 유화왁스 올리브에서 추출한 천연성분 유화제로, 프랑스의 유기농, 천연 원료 인증기관인 ECO의 인증을 받은 유화제입니다. 물과 기름이 잘 섞이도록 도와주는 유화제의 기능, 로션과 크림의 점도를 높여주는 기능, 피부 보습을 도와주는 기능이 있습니다. 아토피, 민감성 피부에도 안심하고 사용할 수 있습니다.

주의 올리브리퀴드, 솔루빌라이저 '올리브'라는 이름 때문에 올리브유화왁스와 헷갈리기 쉽지만, 올리브리퀴드는 PEG계열의 계면활성제입니다. 솔루빌라이저는 엄밀히 말하면 가용화제의 영어식 표현일 뿐입니다.

간단 상식

계면활성제란? 계면활성제는 종류에 따라 세정제, 유화제, 거품 촉진제, 가용화제 등 다양한 용도로 사용됩니다. 계면활성제가 물과 기름이 섞이도록 도울 수 있는 이유는, 계면활성제가 물과 친한 친수기와 기름과 친한 친유기를 모두 가지고 있기 때문이에요. 기름때가 낀 곳에 계면활성제가 닿으면 때와 친유기가 결합하고, 여기에 물을 뿌리면 물과 친수기가 결합하여 때를 손쉽게 제거할 수 있게 됩니다. 유해성 논란 때문에 계면활성제라고 하면 무조건 없는 게 좋다! 고 생각하기 쉬운데요, 사실 계면활성제 없이 청소, 빨래, 샴푸 등 일상생활을 하기란 매우 어려운 일입니다. 계면활성제 자체가 모두 나쁜 것은 아니므로, 종류를 잘 알아보고 사용해야 해요.

계면활성제는 이온성질에 따라 양이온성 계면활성제 – 음이온성 계면활성제 – 양쪽성 계면활성제 – 비이온성 계면활성제로 나뉩니다. 그리고 이 순서대로 피부에 자극적이지요. 양이온성이 가장 자극적이고, 비이온성이 가장 자극이 적습니다. 시중 세제에 주로 사용되는 계면활성제는 세정력이 가장 뛰어난 음이온성 계면활성제입니다.

안전한 방부제, 보존제 성분

* Preservative

방부제, 보존제는 세균 증식을 억제하고, 오일의 산화를 막아줍니다. 빠른 기간 내에 다 쓸 수 없다고 판단될 때에는 천연 방부제를 전체 용량의 1~2%정도 첨가하는 것이 안전합니다. 방부제 역할을 하는 성분으로는 식물에서 추출한 순한 보존제인 멀티 나트로틱스, 비타민 E의 일군인 토코페롤, 항균력이 뛰어난 1,2-헥산디올이 있습니다. 이런 방부제들은 시중 제품만큼 강한 효과는 기대하기 힘들지만 대체로 한두 달 정도는 안전하게 보관할 수 있어요.

에센셜 오일

* Essential Oil

첨가물 없이 계면활성제만 사용하면 특유의 냄새가 미세하게 남거나, 혹은 아무런 냄새도 나지 않죠. 더 좋은 사용감을 위해 천연 화장품이나 세제를 만들 때는 에센셜 오일을 몇 방울 떨어트려 주게 됩니다. 에센셜 오일은 허브의 꽃, 잎, 뿌리 등에서 추출한 오일입니다. 구매 시에는 유기농 인증마크가 부착되어 있는지, 인증기관은 공신력 있는 곳인지 꼭 확인합니다.

천연세제에 대한 오해

❶ 베이킹소다는 알칼리성이다?

베이킹소다의 건조된 가루 그 자체로는 알칼리성을 띄지 않습니다. 베이킹소다가 물과 만나 수산화기를 생성하면 알칼리성을 띄게 됩니다. 그러니 기름때에 가루를 뿌려놓고 방치하는 것은 별 의미가 없습니다. 가루를 뿌리고 그 위에 물을 뿌려야 베이킹소다가 가수분해되며 비로소 화학작용을 일으키게 됩니다.

❷ 베이킹소다와 구연산은 섞어 써야 한다?

알칼리성인 베이킹소다와 산성인 구연산 혹은 식초를 함께 사용하면 세정력이 뛰어나다는 청소법은 블로그부터 뉴스까지 매체를 가리지 않고 공식처럼 받아들여지고 있습니다. 인터넷에 검색을 해 보면 이 문장을 가장 많이 볼 수 있어요.

"알칼리성 베이킹소다와 산성 구연산을 섞어 쓰면 중화반응이 일어나 기름때가 제거되는 원리인거죠~" 네, 알칼리성 베이킹소다와 산성 구연산이 만나면 중화가 되어 거품이 일어나고 이산화탄소가 발생합니다. 이 모습이 마치 소독이 되고 때가 제거되는 것처럼 보입니다. 그러나 화학식을 조금만 들여다보면 실상은 조금 다르다는 것을 금방 알 수 있어요. 이론적으로는 베이킹소다와 식초 또는 구연산을 1:1로 섞었을 때 염기성인 초산나트륨이나 시트르산 나트륨이 발생하게 되는데, 가정에서 베이킹소다와 식초의 몰(mol)비를 정확히 1:1로 맞춘다는 것은 거의 불가능한 일입니다. 이는 ml나 g이 아니라 분자량비를 맞춘다는 의미이기 때문입니다. 또한, 베이킹소다가 살균, 세정 작용을 하는 이유는 베이킹소다가 물과 만났을 때 수산화기 OH^-가 발생하기 때문입니다. 그런데 식초와 베이킹소다를 섞을 때 식초를 조금이라도 더 넣어버리면 이 수산화기가 산성으로 인해 중화되어 물로 변해버립니다. 즉, 베이킹소다는 전부 분해되어 그냥 식초와 다를 바 없어집니다. 반대로 식초를 더 넣을 경우, 그냥 베이킹소다를 쓰는 것과 다를 바 없어집니다.

결론적으로 염기성 물질과 산성 물질을 섞으면 베이킹소다와 식초 또는 구연산이 짝을 맞추어

화학식

탄산수소나트륨 · $3NaHCO_3$ + 초산(식초) · CH_3COOH
= 이산화탄소가스 · CO_2 + 초산나트륨 · CH_3COONa + 물 · H_2O

탄산수소나트륨 · $3NaHCO_3$ + 구연산 · $C_6H_8O_7$
= 시트르산 나트륨 · $Na_3C_6H_5O_7$ + 물 · $3H_2O$ + 이산화탄소 · $3CO_2$

각각 성질을 잃게 됩니다. 그러니 떠도는 문장은 이렇게 바꿔야 옳습니다. "알칼리성 베이킹소다와 산성 구연산을 섞어 쓰면 중화반응이 일어나 무의미해집니다." 플러스와 마이너스를 더하면 0이 되는 원리와 마찬가지지요. 물론 섞어 써도 수세미로 닦는 물리적 과정, 약해졌을지언정 식초 또는 베이킹소다의 작용으로 인해서 청소가 되긴 됩니다. 하지만 이렇게 약한 세정력에 기대다 보면 만족하지 못할 것이 분명하고, 그러다 보면 자연스레 다시 '편하고 세정력도 좋은 화학제품'으로 눈을 돌리게 되겠죠. 그러므로 청소를 하고자 할 때는 베이킹소다와 식초를 각각 사용하여 최대의 효과를 보는 것이 바람직합니다. 예를 들면 먼저 베이킹소다로 닦고 식초로 마무리할 때 훨씬 높은 세정력을 기대할 수 있어요.
이런 원리를 응용하면 청소나 빨래 후에 남는 세제 잔여물도 손쉽게 제거할 수 있습니다. 알칼리성 세제로 닦은 벽을 식초로 마무리하면 남아있는 세제 잔여물이 중화되어 사라지고, 구연산으로 닦은 식기를 베이킹소다로 다시 한 번 닦아주면 구연산 잔여물이 중화되어 사라지겠죠.

❸ 구연산이나 식초는 곰팡이 제거에 효과적이다?

곰팡이는 핀 곳에 깊게 뿌리내리게 되므로 박멸하기가 쉽지 않습니다. 겉면을 닦아내도 핀 자리에 자꾸만 다시 스멀스멀 모습을 드러내지요. 구연산이나 식초를 이용하면 일시적으로 곰팡이를 없앨 수 있지만, 산 성분은 오히려 곰팡이의 먹이가 되어 장기적으로는 곰팡이를 배양하

는 결과를 낳을 수도 있습니다.

❹ 과탄산소다는 찬물에 녹지 않는다?

실제로 유기농 세제를 판매하는 쇼핑몰에서도 과탄산소다는 찬물에 녹지 않는다고 광고하는데요, 사실 찬물에도 녹긴 녹습니다. 그렇다면 왜 뜨거운 물에 과탄산소다를 사용해야 할까요? 바로 과탄산소다의 구성 성분인 탄산소다+과산화수소 중 과산화수소가 낮은 온도에서 분해되지 않기 때문입니다. 과산화수소는 40도 이상의 물일 때 산소와 수소로 분해되고, 높은 온도일수록 분해가 더 많이, 잘 일어나게 됩니다. 이렇게 분해되어야만 산화작용에 의한 표백효과를 볼 수 있지요. 이보다 낮은 온도에서 과탄산소다를 사용할 때에는 거의 탄산소다만 작용하게 됩니다.

❺ 베이킹소다+구연산+과탄산소다, 일명 베구산을 모두 섞으면 더 효과가 좋다?

인터넷에 천연 세제 만드는 법을 검색하면 베구산을 모두 섞는 레시피를 심심치 않게 찾아볼 수 있어요. 이제 우리는 이 레시피가 일반적으로 무의미하다는 것을 화학적으로 설명할 수 있어요. 알카리성 소다와 산성 구연산은 서로 중화시키므로 오히려 세정력이 떨어지게 되며, 유사한 분자식을 가진 물질인 소다끼리 섞는 것은 큰 의미가 없어요.

❻ 과탄산소다의 활성산소? 나쁜 게 아닌가요?

활성산소는 우리에게 해로운 이미지로 더 익숙합니다. 활성산소는 주변 물질이나 세포들을 파괴시키는 산화작용을 하기 때문이죠. 우리가 항산화물질을 섭취해야 하는 이유도 이 활성산소를 제거하기 위해서입니다. 이렇게 우리 몸에서는 나쁜 활성산소지만, 세탁을 할 때는 표백을 돕습니다. 과탄산소다가 분해되며 생성되는 활성산소가 섬유 속 찌든 때 물질을 파괴하는 원리이지요. 그러므로 과탄산소다를 지나치게 많이 넣을 경우 섬유 자체가 손상될 수 있으므로 주의해야 합니다.

꼭!! 확인해야 할 것들

"천연 세제 만들기"를 검색하다 보면 생소한 화학물질의 이름을 접하게 됩니다. 이 물질이 정말 안전한지, 어디서 추출되었고 어디에 쓰이는 물질인지는 어떻게 알 수 있을까요? 인터넷 댓글 한 줄, 제품 판매자의 '그렇다더라'는 말 한 마디를 덜컥 믿어서는 안 되겠죠. 세계의 공신력 있는 여러 기관들은 연구결과에 기반하여 화학물질의 유해성에 등급을 매기고 있습니다. 또, 화학물질마다 각각 식별 가능한 번호와 정식 명칭이 있어서 관련 정보를 쉽게 찾아볼 수 있지요.

❶ 세계보건기구(WHO, World Health Organization)산하 국제암연구소(IARC, International Agency for Research on Cancer)

IARC에서는 발암물질을 크게 다음과 같이 분류합니다.

- **Group 1** 인간에게 확실히 암을 일으키는 물질
- **Group 2A** 인간에게 암을 일으킬 개연성이 있어 가능성이 상당히 높은 물질
- **Group 2B** 인간에게 암을 일으킬 가능성이 있는 물질
- **Group 3** 발암물질로 분류되지 않은 물질
- **Group 4** 인간에게 암을 일으키지 않는 물질

IARC의 발암물질 분류

http://monographs.iarc.fr/ENG/Classification

의심이 가는 화학물질이 있을 경우 아래 목록에서 검색해 볼 수 있습니다.

IARC의 발암물질 목록

http://monographs.iarc.fr/ENG/Classification/latest_classif.php

꼭!! 확인해야 할 것들

❷ 미국 비영리 환경시민단체 EWG(Enviornmental Working Group)

화장품 성분의 경우, EWG에서 매기는 등급을 확인할 수 있습니다. EWG 등급은 2억 5000개의 조사 결과를 통해 설정한 등급으로 공신력 있는 안전도 등급입니다.

- **1~2** 등급 낮은 위험
- **3~6** 등급 일반적인 위험
- **7~10** 등급 높은 위험

EWG가 운영하는 화장품 성분 데이터베이스 스킨딥 홈페이지(http://www.ewg.org/skindeep)에서 성분을 검색하면 종합 위험도, 암 유발 위험도, 발달, 생식계, 알레르기, 면역 독성, 기능, 용도 제한 등을 확인할 수 있습니다. 그런데, 이때 반드시 등급과 함께 Data score key를 살펴봐야 합니다. 유해성에 대한 실험 데이터가 매우 적거나(limited) 없다면(none) '유해성 낮음'등급을 받았다고 해도 무조건적으로 신뢰할 수 없어요. 등급이 조금 더 높더라도 데이터 지수가 적정하거나 높은 물질이 더 안전할 수 있으므로 종합적인 판단이 필요합니다.

❸ CAS 등록번호

Chemical Abstract Service의 약자로, 각 화학물질에 부여된 고유 번호입니다. 미국 화학회에서 등록, 운영하며, 지금까지 알려진 모든 화합물을 기록하고 있습니다. 화학물질은 이름이 어렵기도 하고, 비슷한 이름도 많으며, 같은 물질도 여러 명칭으로 불리기도 합니다. 하지만 CAS 번호는 고유한 것으로, 이름과 달리 판매자 임의로 지정할 수 없는 번호에요. 원료가 정식 명칭이 아니라 이름으로만 적힌 경우에는 반드시 CAS 등록번호를 확인해야 합니다. '편의를 위해' 통용되는 간단한 이름들 달고

정작 전혀 다른 원료를 판매하고 있을 수도 있거든요. 예를 들면 '코코베타인'이라는 물질은 같은 이름으로 팔리지만 CAS 번호로 보면 사실 두 종류이고, '코나코파'와 '데실글루코사이드' 는 다른 이름이지만 CAS 번호를 확인하면 같은 물질이라는 것을 확인할 수 있어요. 즉 CAS 번호는 화학물질의 주민번호인 셈입니다. 마찬가지로 CAS 번호가 기재되지 않은 정체불명의 물질은 구매하지 않도록 합시다.

CAS 번호 확인하기
http://www.chemnet.com/cas

❹ INCI 명

미국 화장품 협회인 PCPC(Personal care products council)에서 발간하는 국제화장품원료집(ICID)에 화장품 원료에 대해 붙인 명칭이 바로 INCI name입니다. 예를 들면 국내에서 편의상 올리브 리퀴드라고 불리는 유화제의 국제적으로 통용되는 이름은 olive oil PEG-7 esters입니다. 즉, INCI 명을 알아야 해당 물질의 성분을 정확히 알 수 있겠죠.

실수가 만든 체크리스트

essay 2

일단 화학 없는 삶을 살기로 결심했으니, 천연 세제가 필요할 터였어요. 쇼핑몰에 들어가 구경하다 보니 이것도 필요할 것 같고, 저것도 필요할 것 같아요. 일단 세제 중에 기본이라는 일명 '베구산', 베이킹소다, 구연산, 과탄산소다를 샀지요. 얘들은 섞어 쓰면 더 효과가 좋다는 광고 문구가 돌림노래처럼 여기저기서 들려왔거든요. 아무것도 모른 채 그저 그러려니 했던 저는 자신 있게 이 삼총사부터 섞어 쓰기 시작했습니다.

다음 문제는 샴푸나 핸드워시를 만들기 위해 알아본 각종 계면활성제와 유화제, 첨가물들이었어요. 어쩜 하나하나 생소한 이름의 물질들,

가령 폴리쿼터늄이나 애플워시, 라우릴 글루코사이드 같은 라벨을 하나하나 읽고 있자니 벌써부터 머리가 물음표로 가득 차기 시작합니다. 일단 쇼핑몰의 권유대로 다 장바구니에 넣었더니 예산을 훨씬 초과한 숫자가 떡하니 나타나요.

바로 그때, 시작부터 난관에 부딪힌 제 앞에 기적처럼 한줄기 빛 같은 이름이 나타납니다. 바로 '물비누 베이스', '비누 베이스', ''샴푸 베이스'가 그것이지요. 비누 베이스를 녹이기만 하면, 물비누 베이스에 오일 몇 가지만 섞으면, 샴푸 베이스만 있으면, 고민할 필요 없이 쉽게 핸드워시니 샴푸니 하는 것들을 만들 수 있어요. 홀린 듯 이것들을 구매하고, 꼭 필요하다는 유화제나 화장품 만들 때 좋을 것 같은 플로럴워터, 몸에 좋다는 각종 첨가물들도 구입했지요.

그런데 막상 비커 앞에서 각종 '베이스'들을 들고 있자, 무언가 잘못되었다는 직감이 번뜩 들더군요. 결국 고등학교 이후로 본 적 없던 화학기호를 다시 익히기 시작했습니다. 대체 내가 산 물비누 베이스는 뭔지, 애플워시의 정체는 뭐고 정말 안전한 물질인지, 논문을 하나하나 찾아보기 시작했어요. 어쩌면 이 과정이 가장 지루하고 번거롭게 느껴질지도 모르겠어요. 그러나 적어도 제게는 남들이 써놓은 레시피대로 따라 하기만 하는 건 재미도 없었고, 내가 지금 무엇으로 무얼 만들고 있는지 실감이 나질 않으니 뿌듯함도 없었어요. 세상에, 애플워시가 Apple Wash가 아니라니, 베이킹소다도 과탄산소다도 탄산소다라니,

하나하나 깨달아 갈수록 과거에 무지한 채 이것저것 구매했던 제 자신이 참 용감하게 느껴지더라구요. 어쩌면 아무것도 모르니까 더 아무거나 믿기 쉬웠을지도 몰라요.

애플워시의 공식 명칭은 어떤 것이고, 어디에서 추출했고, 어디에 쓰이고 또 거품은 어떤지, 과탄산소다는 왜 뜨거운 물에 사용해야 되는 건지, 하나씩 알아갈 때마다 하나하나가 온전히 제 것이 된다는 느낌이 들었어요. 그제야 화학 없는 삶에 대한 흥미와 애착이 돋아났어요.

목마른 궁금증을 해갈시키고 나서, 나름의 가이드라인과 원칙을 만들어 갔어요. '화학물질 필수 체크리스트'도 이런 경험에서 만들게 되었답니다. 올리브리퀴드 등 논란이 있는 물질은 최대한 사용하지 않았고, 생략 가능한 물질도 될 수 있으면 사용하지 않았습니다. 비타민이나 한약재 같은 첨가물을 넣으면 '조금 더 좋은 방법'이 되겠지만, 그보다는 '조금 더 쉽고 안전하게 따라 할 수 있는 방법'을 연구하려고 노력했습니다.

아깝지만, 제가 샀던 각종 '베이스'들은 모두 제 손을 떠날 수밖에 없었답니다. 시중 제품보다 순하고 그렇지 않고를 떠나, 전성분도 없는 '베이스'들의 출처를 절대 믿을 수 없다는 결론을 내렸기 때문이에요. 시작은 가볍게, 원리를 알아가며 기본을 다지는 것이 중요하니까요. 완전히 눈이 보이지 않는 상태에서 더듬더듬 감각으로 사물을 익혀 나가듯, 저와 천연세제는 경험으로 조금씩 가까워지기 시작했습니다.

중화의 과정!
때가 빠지고 악취가 제거되는 원리는 간단합니다.
사랑 신영
때는 +라는 아이들인데
으악
깍
아악
저리가
히익
세제는 -라서
뽕!
뽕!
뽕!
이렇게... 뽕!

#2 간단 상식: 중화의 과정

CHAPTER

3

화학 없는 삶

~실전편~

준비물

본격적으로 천연 세제, 세정제를 만들기 위해서는 몇 가지 도구들이 필요합니다.

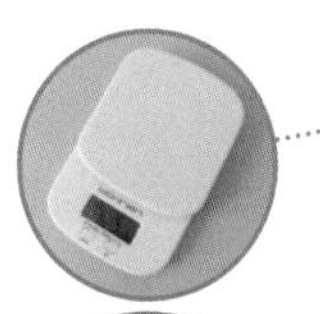

전자저울 비누나 화장품 등을 만들 때는 정확한 계량이 필요합니다. 만원 내외로 살 수 있지만, 저렴한 제품의 경우 1~5g 사이의 소량은 잘 측정되지 않거나 오차가 심합니다. 이럴 때에는 10g을 계량하여 절반만 사용하는 식으로 사용하면 정확한 계량이 가능합니다.

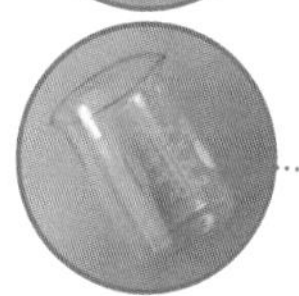

비커 역시 정확한 계량을 위해서 필요합니다.

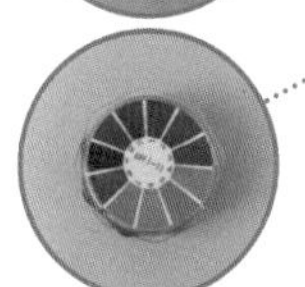

pH테스터기 대략적으로 계량해서 사용할 수도 있지만, 민감한 아기 피부, 연약한 옷감 세탁용 중성세제나 피부에 직접 닿는 클렌징, 샴푸 등을 만들 때에는 pH를 정확히 맞춰야 부작용이 없답니다.`

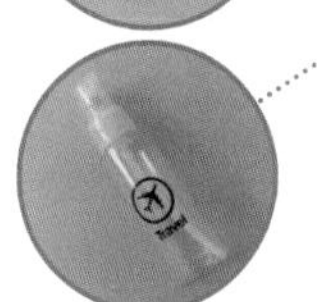

공병 각종 세제, 화장품을 담을 공병은 반드시 소독한 이후 사용해야 합니다. 플라스틱 공병의 경우 병에 에탄올을 넣고 흔들어줍니다. 스프레이형 공병의 경우 에탄올을 몇 번 분사해서 안쪽 노즐까지 소독되도록 해줍니다. 유리 공병은 열탕에 소독해 줍니다.

거품 용기 천연 세제나 화장품의 경우 거품이 나는 계면활성제 성분이 적기 때문에 점도가 묽고 거품이 잘 나지 않아요. 보통 이런 경우 점도를 높이기 위해 점증제를 사용하는데요, 그 대신 거품 용기에 용액을 넣어 사용하면 따로 거품을 낼 필요 없이 펌핑만 해도 거품이 나와서 편리합니다. 다만 라우릴글루코사이드처럼 점도가 끈적한 용액이나 점증제, 글리세린을 많이 사용했을 경우에는 거품 용기를 사용할 수 없어요.

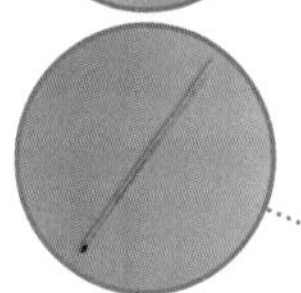

온도계 샴푸나 화장품을 만들 때 필요합니다.

라벨지 완성된 세제나 화장품을 공병에 담으면 비슷한 색깔 탓에 구별이 쉽지 않아요. 혼동을 막기 위해 라벨지를 이용하여 이름을 붙여 주고, 이름 밑에는 만든 날짜도 작게 표시해서 유통기한을 가늠할 수 있도록 합니다.

pH테스터가 꼭 필요한 이유

여기까지 읽은 분들은 모두 느꼈겠지만, 천연세제나 화장품 레시피에서 산도 pH는 중요합니다. 산성이냐, 염기성(알칼리성)이냐 중성이냐에 따라서 그 기능이 완전히 달라지거든요. 모두 중학교 과학 시간에 실험했던 내용을 잠깐 떠올려 볼까요. 용액 두 가지를 섞어 리트머스지로 색깔을 확인했던 기억이 날 거예요. 이때 사용하는 리트머스지가 대표적인 산염기 측정 물질인데요, 리트머스지의 색깔을 보고 수소이온지수 pH를 판단할 수 있게 됩니다. pH6.5~7.5 정도가 중성, 그 이하라면 산성, 이상은 염기성(알칼리성)물질입니다. 시트르산(citric acid)이 포함된 레몬, 젖산(lactic acid)이 함유된 신 김치가 생활 속의 산성 물질이고, 베이킹소다나 세탁비누는 염기성을 띠는 물질입니다.

보통 시중에서 판매되는 세제들은 어떨까요? 세탁조 청소제 등 소수의 제품을 제외하고 우리 생활에서 사용되는 세제들은 중성 혹은 약알칼리성입니다. 그 이유는 대부분의 때가 산성이기 때문에 알칼리성 세제로 중화시킬 때 세정력이 더 좋기 때문입니다.

직접 피부에 닿는 비누나 샴푸, 화장품을 만들 때에도 산도가 중요합니다. 강알칼리성이나 강산성이 피부에 직접 닿으면 가려움증이나 두드러기, 화상 등을 유발할 수 있거든요. 사람의 피부는 외부 세균으로부터 피부를 보호하기 위해 약산성을 띠고 있습니다. 대한민국 성인 남녀의 피부 산도는 평균적으로 pH5.5 정도이며, 어린아이들 역시 출생 1~2주 이내의 신생아가 아니라면 이 정도의 pH를 유지하게 됩니다. 보통 피부에 직접 사용하는 비누나 바디워시 등의 pH는 약알칼리성인 8 정도로 세정력을 유도하고 있지요. 하지만 민감성 피부나 아기 피부에 사용하는 화장품은 더욱 자극 없이 순하게 만드는 것이 좋겠죠. 피부와 비슷한 약산성인 5.5~4.5 정도로 만들어 주면 됩니다.

천연세제 초보 요리사

essay 3

세제 만들기와 요리, 어떤 부분이 비슷하다고 생각하세요? 요리도 과학이라서? 정확히 재료를 계량해서 만들어나가는 원리가 비슷해 보이기도 하지만, 제가 느낀 세제 만들기와 요리의 비슷한 점은 바로 둘 다 '시작'이 힘들다는 점이에요. 요리를 시작하기가 뭐가 어렵냐고요? 자취생에게 요리를 시작하기로 마음먹는다는 건 정말 어마어마한 일이랍니다. 제가 자취 요리 포스팅을 올리게 된 이유도, 시작의 고충 때문에 포기하는 분들이 너무 많았기 때문이에요. 된장국 하나를 끓이려고 해도 시중 레시피들은 된장도, 애호박도, 콩나물도, 감자도 양파도 있어야 하잖아요. 이미 재료 목록을 읽는 과정에서, '에이, 사 먹자'가 되는 거예요. 천연세제 만들기도 마찬가지예요. 아무리 애호박을 넣고 양파도 넣어야 맛이 더 좋다고 하더라도, 필요한 제품의 목록이 끝없이 이어지면 아무도 시작할 수 없어요. 이미 어느 정도 요리에 일가견이 있는 사람의 냉장고에서는 각종 채소뿐만 아니라 바질이니 갖가지 오일이니 하는 것들도 쉬이 나오겠지만요. 그러니까, '시작하는 사람들'을 위한 매뉴얼은 생각보다 찾아보기 힘듭니다. 집밥을 해 먹어야 건강해진다는 걸 모르는 사람은 아무도 없어요. 그럼에도 불구하고 사람들이 '집밥'을 브라운관 화면으로만 즐겨보는 건, 요리사가 굳이 말하지 않는 너무나 당연한 과정, 요컨대 장을 보고 채소를 손질하고, 남은 채소를 다시 정리해서 냉장고에 넣고, 바쁘게 며칠 지나서 상해버린 채소를 다시 버리는, 이 과정을 해결할 수 없어서예요.

천연세제 만들기에서 제가 가진 원칙도 이와 비슷했어요. 맛이 조금 덜하더라도 양파 없이 된장국을 끓이는 방법, 그게 제가 가장 연구하고 싶었던 거예요. '꼭' 향기가 나는 플로럴 워터를 써야 하는지, 비타민이니 어성초니 하는 것들이 '꼭' 들어가야 하는지, 그런 건 다 빼고 간장으로만 간을 한 감자된장국처럼 간단하고 담백해서, 서툰 이들도 쉽게 즐길 수는 없을지, 이런 것들을 고민했어요.

처음 자취를 시작할 때나, 처음 신혼집을 꾸릴 때 모든 가구와 생필품을 채워 넣지는 않아요. 최소한의 가구며 식기며 하는 것들을 먼저 사두고, 살아가다가 꼭 필요하다고 느끼는 것들을 조금씩 채워나가죠.

그림, 리본공예, 골프, 수영, 어떤 취미를 시작하든지 거기에는 입문자 코스가 있어요. 처음에는 밋밋한 초보용 수영복으로 시작하더라도 발차기부터 차근차근 배워야 해요. 처음부터 접영을 하는 사람은 없어요. 킥판에서 손을 떼고, 자유롭게 수영을 하다 보면 그때 더 좋은 수영복이니 미러수경이니 하는 것들이 갖고 싶어지지요. 생활의 모든 면면이 이 공식을 따릅니다. 천연세제라고 별다를 것 없어요. 시작은 밋밋하더라도 조금 조출하고 단순하게, 그렇지만 확실하게, 그렇게 배우면 나중엔 셰프처럼 멋진 요리도 근사한 집들이 대접도 할 수 있을 거예요.

자, 그럼 이제 실전 천연세제 만들기를 시작해 볼까요?

솔직히 너무 재밌다.

'오오 변하고 있어'

염기성 용액에 산성 용액을 섞으면
순간 불투명해집니다.

변한다~
변한다~
요즘 이것에 푹 빠졌다.

#3 산도 테스트는 재밌어

* 거실 & 침실이야기

1st story

EM 섬유탈취제

*

EM에는 악취 분해와 억제에 효과적인 광합성 세균, 사상균 등이 들어있어서 탈취제로 적합합니다. 뿐만 아니라 유산의 정균력이 섬유의 균까지 제거해 준답니다.

–

준비물 EM 활성액, 에탄올, 에센셜 오일

–

❶ 용기에 에탄올을 100g 정도 채워줍니다.
❷ 향을 위해 유기농 에센셜 오일을 50방울 (2~3g)정도 넣습니다.
❸ 병의 남은 공간을 EM 발효액 50g 로 채워줍니다.

–

옷감뿐만 아니라 음식물 쓰레기, 화장실, 애완동물 배변 패드 등 악취가 나는 모든 곳에 사용할 수 있습니다.

직접 만든 천연 섬유탈취제는 비록 향기가 시판제품처럼 오래 지속되지는 않지만, 탈취효과는 아주 훌륭하답니다.

레몬 섬유탈취제

*

준비물 20도 이상의 소주, 레몬껍질

❶ 병에 잘 씻은 레몬껍질을 썰어서 가득 넣어줍니다.

❷ 남은 공간에 소주를 붓고 일주일 정도 숙성시켜주세요. 일주일 후에 체에 걸러 레몬껍질은 버리고, 정제수와 1:1로 섞은 후 분무기에 넣어 사용합니다.

주의 이렇게 만든 섬유탈취제는 흰옷에 사용하면 얼룩이 질 수도 있으니 주의해야 해요. 흰옷에 사용하려는 경우에는 더욱 연하게 희석해서 사용합시다.

베이킹소다 탈취제

*

베이킹소다가 공기 중의 악취를 흡착하여 악취를 제거해줍니다. 또 베이킹소다는 흡습성이 매우 높은데요, 주변 습기를 빨아들이기 때문에 악취가 확산되는 것을 막습니다.

–

준비물 **베이킹소다, 다시백**

–

❶ 다시백이나 종이컵에 베이킹소다를 넣어주세요. 냉장고, 신발장, 옷장 등 탈취가 필요한 구석구석에 넣어줍니다.

❷ 이렇게 만든 베이킹소다 탈취제는 약 한 달 후에 교체해 주어야 합니다. 이때, 교체한 베이킹소다 탈취제는 버리지 말고 프라이팬 기름때 제거 등 청소에 재사용할 수 있어요.

TIP 더블 클립을 이용하면 옷걸이에 쉽게 걸 수 있어요.

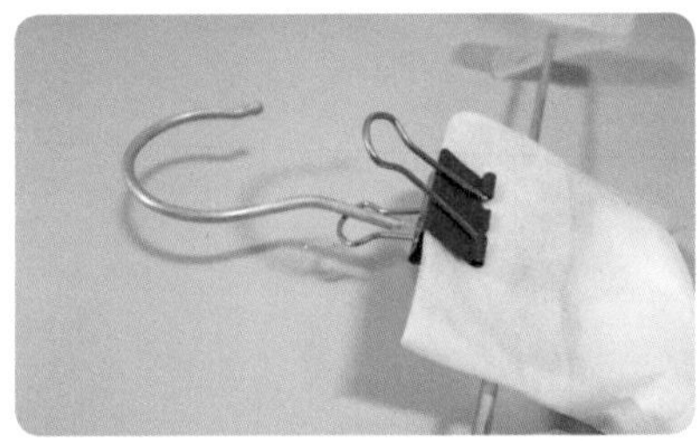

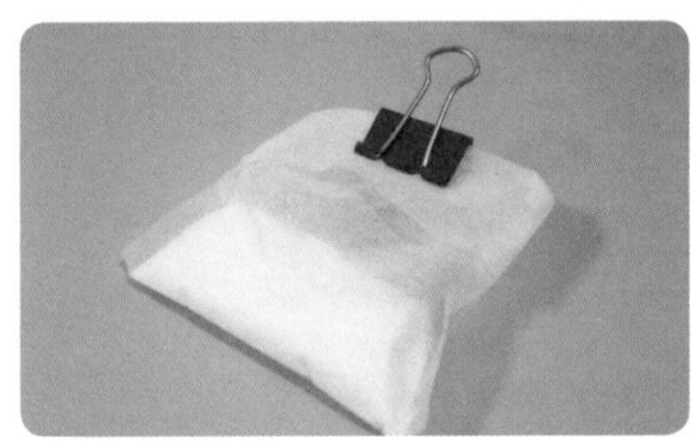

천연 탈취제 만들기

커피 찌꺼기 탈취제

*

커피 찌꺼기는 미세한 기공이 있어 공기 중의 악취 분자를 빨아들입니다. 더불어 원두 특유의 은은한 향까지 있어서 방향 효과까지 있지요.

–

준비물 커피 찌꺼기, 다시백

–

❶ 먼저 커피 찌꺼기는 물기 없이 말려야 곰팡이가 피지 않습니다. 신문지를 깔고 직사광선에 말려 주는 것이 바람직하지만, 여의치 않을 경우 전자레인지를 이용할 수 있습니다. 그릇에 커피 찌꺼기를 담고, 중간중간 뒤적거려 가며 20초씩 여러 번 돌려줍니다. 물기가 없어질 때까지 돌리되, 타지 않도록 주의합니다.

❷ 말린 커피 찌꺼기는 다시백에 넣어 탈취가 필요한 곳에 구석구석 보관합니다. 신발장, 냉장고, 옷장 등에 넣을 수 있어요.

❸ 냉장고에 넣어 둔 커피 찌꺼기 탈취제를 3~4일 후 꺼내 보면, 음식물 냄새가 커피 찌꺼기에 싹 스며든 것을 확인할 수 있어요.

주의 남은 커피 찌꺼기 역시 말려서 보관하거나, 냉동 보관해야 곰팡이가 피지 않아요.

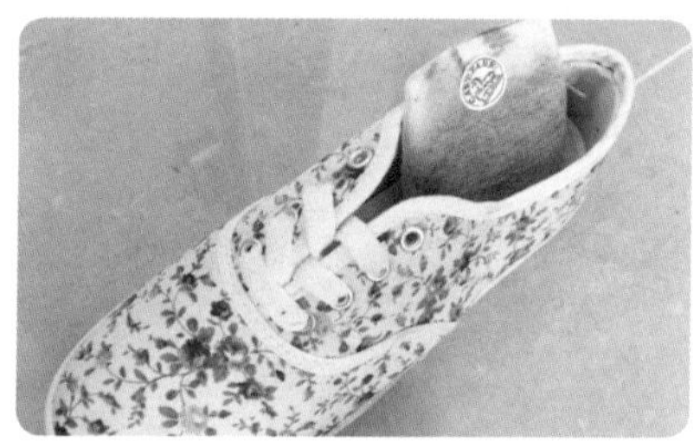

C.ART.FABRI
I.T.M.

냉장고 탈취제

*

김치 때문에라도, 한국 가정의 냉장고는 항상 냄새와의 씨름을 하게 되죠.

–

❶ 먹다 남은 소주 활용 일단 냉장고의 내용물을 모두 꺼내고, 내부를 소주로 깨끗이 닦아 주세요. 탈취효과를 유지하기 위해, 화장솜이나 거즈에 소주를 적셔서 구석구석 붙여주세요. 효과가 사라질 때마다 새로 적셔서 붙여주면 되므로 쉽고 편해요.

❷ 식빵 활용 식빵 한 장을 냉장고에 놓아주세요. 며칠 둔 이후 꺼내서 냄새를 맡아보면 각종 음식물 냄새가 식빵에 싹 스며든 것을 생생하게 체험할 수 있답니다.

계피 스프레이로 이불 진드기 퇴치하기

3

*

여름 장마철에 습도를 잡지 못하면 집 곳곳에 곰팡이가 번식하게 됩니다. 이런 곰팡이는 각종 피부, 호흡기 질환의 원인이 되죠.

–

❶ 통계피를 깨끗이 씻어서 말린 후, 작게 잘라서 병에 넣어주세요. 계피와 알코올을 1:2 비율로 맞춰 넣어줍니다.

❷ 2주 정도 숙성시키면 계피 원액이 완성돼요. 이 원액을 그대로 뿌리면 너무 독하므로, 정제수와 1:1 정도로 섞어서 사용합니다.

❸ 완성된 계피 스프레이를 침구에 뿌리면 이불 진드기 제거와 모기 퇴치 효과를 볼 수 있어요. 외출 시 옷, 유모차, 소품 등에 뿌려주면 모기 기피제 역할을 한답니다. 특히, 방충망에 이 계피 스프레이를 뿌려주면 벌레들이 달라붙거나 침입하는 것을 막을 수 있답니다.

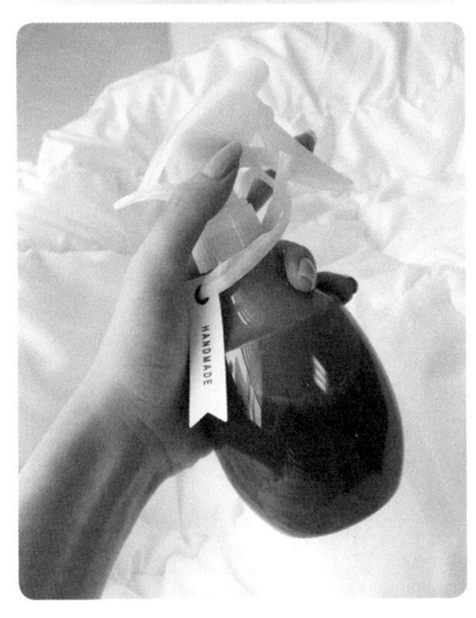

주의 계피를 만질 때나, 계피 스프레이를 뿌릴 때 흰옷에 얼룩이 질 수 있으니 조심합시다. 피부에 직접 뿌리는 것은 자제해 주세요.

겨울을 위한
천연 가습기 만들기

달걀 가습기

*

달걀 껍데기는 단단해 보이지만 사실 수많은 기공이 존재합니다. 껍질이 숨을 쉬는 것이지요. 이 기공으로 수분분자가 통과할 수 있으므로 가습기 역할을 할 수 있어요.

–

❶ 달걀은 윗부분만 조심조심 깨서 내용물을 꺼내줍시다. 깨지지 않게 내부를 잘 헹궈 주세요.

❷ 달걀 안쪽에 물을 부어두면 됩니다. 달걀 판을 이용하거나, 휴지심을 잘라 받침대를 만들어 줍니다.

여름을 위한 천연 제습제 만들기

5

*

여름은 장마 때문에, 겨울은 결로 때문에 습도가 쉽게 높아집니다. 이때, 습도를 잡지 못하면 집 곳곳에 곰팡이가 번식하게 됩니다. 이런 곰팡이는 각종 피부, 호흡기 질환의 원인이 되죠.

–

베이킹소다는 흡습성이 좋아서 주변 습기를 빨아들입니다. 굵은소금 또한 염화나트륨으로, 주변 습기를 흡수합니다. 습기를 머금은 소금은 2~3주마다 햇볕에 말려주면 다시 재사용할 수 있습니다. 베이킹소다나 굵은소금을 유리병이나 다시백 등에 넣어 곳곳에 두면 제습효과를 볼 수 있습니다.

에센셜 오일로 천연 모기 퇴치제 만들기

6

*

아이들이나 애완동물이 있는 경우 살충제를 가득 뿌리는 건 아주 망설여지는 일이에요. 시트로넬라는 스리랑카 등 열대지방에서 주로 서식하는 식물의 한 종류입니다. 시트로넬라에서 추출한 오일은 식물성 벌레 퇴치제로, 모기를 비롯한 각종 벌레의 접근을 차단하는 효과가 있어요.

-

준비물 **시트로넬라 오일, 정제수, 무수에탄올**

-

❶ 먼저 100g 병에 99.9% 무수에탄올을 30g 정도 채웁니다. 정제수와 오일은 잘 섞이지 않으므로, 반드시 에탄올부터 넣어주세요. 에센셜 오일을 20방울(1g) 정도 넣어줍니다.
❷ 병의 남은 부분을 정제수로 채우면 완성입니다.

TIP 시트로넬라와 레몬그라스, 라벤더를 적절히 블렌딩해 넣으면 지속력이 높아지고 향도 더 풍부해집니다. 유칼립투스 오일 역시 해충들이 기피하는 향이므로, 시트로넬라 오일 대신 사용할 수 있어요.

벌레 퇴치제 만들기 7

*

여름철 대부분의 벌레는 외부에서 유입됩니다. 주로 창틀의 빗물구멍이나 하수구, 환기를 위해 열어둔 현관문 등으로 들어오게 돼요. 계피를 이용하여 벌레 퇴치제를 만들면 벌레의 유입을 줄일 수 있습니다.

–

준비물 **헌 스타킹, 계피**

–

❶ 계피는 적당한 크기로 자른 후 잘 씻고 말려주세요. 제대로 말리지 않으면 곰팡이가 필 수 있어요.

❷ 스타킹을 적당한 길이로 잘라줍니다. 여기에 계피를 넣고, 입구를 묶어 주면 완성!

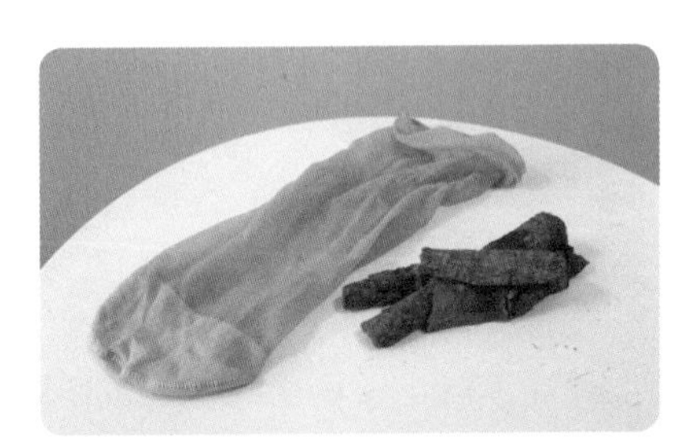

설탕으로 모기 유인제 만들기

8

*

잡아도 잡아도 윙윙거리는 모기가 문제라면? 트랩을 만들어서 가둬버릴 수 있어요. 먼저 잘 씻은 페트병을 세 부분으로 잘라줍니다. 중간 부분은 버리고 상단이랑 하단 부분만 사용할 거예요.

–

준비물 **설탕, 효모(이스트), 물, 페트병**

–

❶ 페트병 안에 설탕 두 스푼과 효모 두 스푼을 넣고 잘 저어주세요.

❷ 아까 잘라낸 페트병 상단을 뒤집어서 하단에 꽂아주세요.

❸ 빵 반죽을 부풀게 하는 데에 사용되는 효모와 설탕이 만나면 이산화탄소를 내뿜어서 모기를 유인하게 됩니다. 그리고 이렇게 좁은 틈으로 들어온 모기는 다시 빠져나갈 수 없다는 사실!

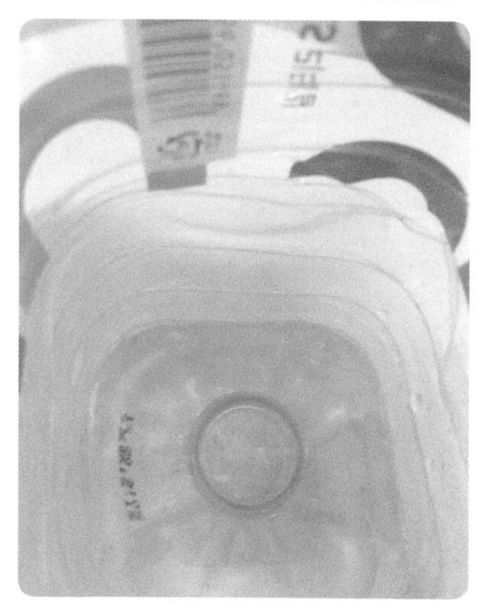

베이킹소다로 모기 연고 만들기

*

준비물 베이킹소다, 물

–

❶ 베이킹소다와 물을 1:3 비율로 섞어서 묽은 반죽처럼 만들어줍니다. 알칼리성 베이킹소다가 모기 침의 산성 성분을 중화시켜서 가려움이 가라앉게 됩니다.

❷ 산모기에 다리를 물려서 괴로웠었는데, 베이킹소다를 바르니 정말 바른 자리가 시원해지면서 편안한 잠을 이룰 수 있었어요.

항균 스프레이 만들기

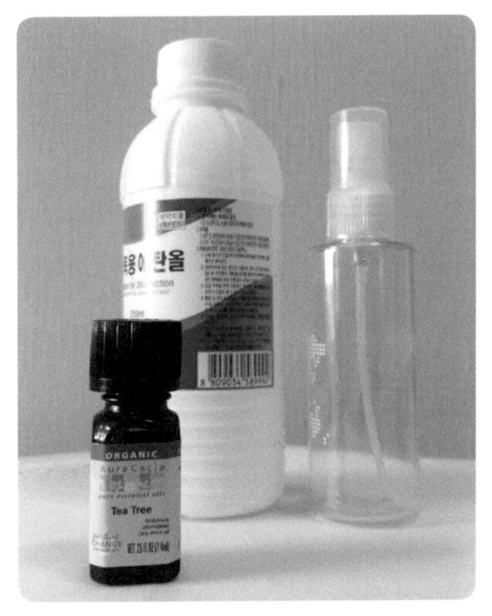

*

'항균'은 조심해야 할 단어입니다. 균을 죽이려다 사람에게까지 해를 미치게 되거든요. 항균효과가 있는 오일을 사용하면 이런 부작용 없이 일상적으로 사용할 수 있는 순한 항균 스프레이를 만들 수 있어요. 항균효과가 있는 티트리, 라벤더 오일을 응용한 스프레이입니다.

–

준비물 에탄올, 티트리나 라벤더 에센셜오일, 정제수

–

에탄올 60g에 티트리나 라벤더 에센셜 오일 10방울을 떨어트려 섞어줍니다. 정제수 40g를 섞어주면 완성!
항균 스프레이는 손이나 유모차, 카시트, 소지품 등에 수시로 뿌려서 활용할 수 있어요. 평소에도 가전제품이나 리모컨 등을 소독할 때 사용할 수 있습니다. 냄새나는 에어컨, 공중화장실 손잡이나 변기에도 칙칙 뿌려서 활용합시다. 유통기한은 1~2개월입니다.

10

손 소독제 만들기

*

준비물 에탄올, 글리세린

\-

❶ 정제수 30g과 에탄올 70g을 섞습니다. 손 보습을 위해 글리세린 5g정도를 넣어줍니다. 취향에 따라 에센셜 오일을 블렌딩합니다.
❷ 이렇게 만든 소독제는 스프레이형 공병에 넣어줍니다. 독감 등 질병이 유행할 때 손 소독에 사용하면 좋아요. 유통기한은 1~2개월 정도입니다.

Cosmetics to deliver a beauty
손 소독제
Handmade
·100% Natural·

펠트지 가습기 만들기

*

추운 겨울에 만들어 두면 좋은 펠트지 가습기입니다.

–

준비물 **펠트지, 유리컵**

–

❶ 먼저 펠트지를 절반으로 접은 후, 가위집을 내 주세요.
❷ 동그랗게 말아준 후, 기둥을 끈으로 묶어 줍니다.
❸ 물을 담은 예쁜 컵에 부직포를 꽂아줍니다. 부직포가 컵 속의 수분을 빨아들여 가습기 역할을 해 준답니다. 보기에도 꽃처럼 예쁘니 인테리어 효과까지 일석이조에요.

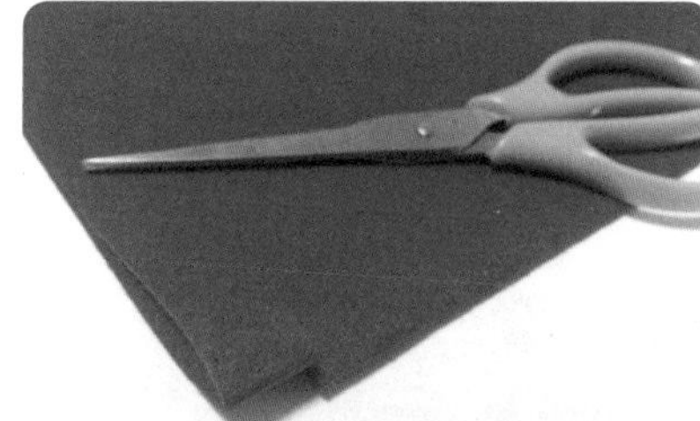

COFFEE

화학 없는 향기

essay 4

사람들은 자신에게 영향을 미치고 자신을 매혹시키는 것이

향수라는 사실을 깨닫지 못한다

_ 파트리크 쥐스킨트, 〈향수〉

쥐스킨트의 소설 〈향수〉의 주인공 그루누이는 체취가 없다는 이유로 태어나자마자 버려지고 박해받습니다. 그러나 그가 체취를 담은 향수 몇 방울을 뿌리자 곧 온 사람들이 자신을 사랑하게 되지요. 여러분도 누군가의 향기를 사랑한 경험이 있지 않나요? 어린 시절 엄마 옷장에서 나던 향기, 어느 겨울 누군가 내게 빌려 준 목도리에 남아있던 향

기, 다가오는 발소리보다 두근거리는 향기, 아기 분 냄새, 우연히 스치기만 해도 깊게 남는 것들은 볼 수도, 만질 수도 없지만 마음 깊숙이 새겨지곤 해요.

대형마트를 산책하듯 거닐고 있으면 소비자에게 주어진 가장 많은 선택지 역시 향기라는 것을 쉽게 알 수 있어요. 방향제는 물론이고 세제, 섬유 유연제, 치약, 샴푸에 이르기까지 수십 가지 향이 우리의 선택을 기다리고 있지요. 어떤 향이 나느냐, 옷에서는, 머리칼에서는, 손목에서는, 방에서는, 차에서는, 이런 것들이 곧 그 주인의 캐릭터를 대변하게 됩니다. 취향이라는 것이 희박한 사람도 '좋아하는 냄새'와 '싫어하는 냄새'를 구별하는 취향 정도는 가지고 있으니까요. 어느 순간부턴가 온갖 향기 나는 것들을 모으기 시작했던 것 같아요. 향기는 천천히 삶의 우선순위가 되었습니다.

그런데 사실 저는 이렇게 냄새를 사랑하는 동안 내내 코끝이 팽팽하게 아팠어요. 어릴 때부터 잔병치레가 잦았습니다. 무엇보다 괴로웠던 건 약한 호흡기였지요. 조금만 독한 냄새를 맡아도 금세 목이 칼칼하고 아팠습니다. 하지만 이런 괴로움을 감수하더라도 향기의 매력을 포기할 수 없었지요.

그러니 제가 노케미 생활을 망설였던 가장 큰 이유 중 하나도 바로 향기였습니다. 섬유유연제 없이, 섬유탈취제 없이 이렇게 좋은 향기를 낼 수 있을까? 스치는 머릿결에서, 소매 끝자락에서, 달콤하고 포근한

이 향기를 과연 포기할 수 있을까? 확신이 서지 않았어요. 그전까지 저는 종종 섬유유연제에 걸레를 담가 방을 닦을 정도로 그 분내 나는 꽃향기를 좋아했거든요.

이런 걱정이 착각으로 탈바꿈하는 데에는 그리 오랜 시간이 필요하지 않았습니다. 에센셜 오일을 넣고 처음 빨래를 한 날, 저는 드디어 세상에는 '좋은 향기' 뿐만 아니라 '마음을 편안하게 만드는 향기'도 있다는 사실을 깨달은 것이죠! 스스로 그르누이라도 된 듯한 발견이었어요. 자연의 향기가, 그 어떤 조향사가 만든 향수보다 편안하고 좋았습니다. 무엇보다 자연스러운 향기의 미덕은 호불호만이 아니었습니다.

그러니까 저는 환절기가 되면 조그만 비염 약 없이는 집 밖을 나설 수가 없었어요. 작은 알약을 몇 알씩 혀 밑에 놓고 녹이면 그제야 코끝에 일렁이던 간질거림이 진정되곤 했지요. 그런데 어느 날 문득 생각해보니, 올해 봄에서 여름으로 넘어가는 환절기 내내 단 한 번도 약을 먹지 않았던 거예요! 기억을 더듬어 보니 적어도 열네 살 이후로 이런 봄은 없었던 것 같아요.

〈향수〉 속 젊은 그루누이는 도시의 냄새가 진동하는 파리를 떠나 자연의 동굴에서 비로소 마음의 안정을 찾았습니다. 시린 향수 냄새, 아린 석유 냄새, 쓴 담배 냄새로 북적이는 도시 속에서, 자연의 향기로 가득한 집은 곧 아늑한 동굴이 될 것입니다.

블렌딩 레시피

에센셜 오일과 블렌딩의 효과

에센셜 오일의 향기 입자는 후각신경을 통해 변연계에 도달하여 혈압, 심박수, 생식 작용, 기억, 스트레스 반응을 조절하고 진정, 이완 효과를 유도합니다. 한 가지 오일만 사용해도 충분한 효과를 볼 수 있지만, 지속력을 높이고 더 풍부한 향을 느끼기 위해 2종 이상의 오일을 섞어 사용하는 것을 블렌딩이라고 합니다. 가장 기본적인 블렌딩의 법칙은 상향(톱 노트) – 중향(미들 노트) – 하향(베이스 노트)의 세 가지 향 조합이에요. 상향은 3~4시간 이내로 빨리 향이 날아가는 오일, 중향은 대개 플로럴 베이스의 오일, 하향은 향을 잡아주는 베이스 역할을 하는 오일을 넣습니다. 예를 들면 레몬그라스만 사용했을 때는 향이 금방 날아가 버리지만, 여기에 베이스 역할을 하는 오일을 넣으면 향이 좀 더 오래 지속되는 식이지요.

비율은 상향, 중향, 하향을 3 : 2 : 2 정도로 섞습니다. 물론 특별히 강한 향의 경우에는 한두 방울로도 다른 향을 잡아먹어버리는 경우가 있으므로 조금씩 시향하면서 마음이 편안해지는 향기, 자신에게 꼭 맞는 향기를 조향해 봅시다.

주의할 점

이때, 에센셜 오일 역시 천연에서 100% 추출했을지언정 화학적 방법으로 구성된 성분이라는 사실을 명심해야 합니다. 에센셜 오일 역시 과다하게 꾸준히, 혹은 과다하게 사용하면 두통, 피부나 점막 자극을 유발할 수 있습니다. 또, 오일별로 부작용이 다르므로 구입 전에 반드시 체크해야 합니다. 예를 들면 라벤더 오일의 경우 혈압을 낮추는 작용을 하기 때문에 저혈압인 분들에게는 좋지 않아요. 반대로 로즈마리는 혈압을 높이므로 고혈압 환자는 사용을 피해야 하지요. 되도록 최소로만 사용하고, 사용 시 일정한 휴식기를 가져야 합니다. 특히 신생아나 임산부에게는 사용하지 않도록 합니다. 아이들용은 성인 기준의 1/3~ 절반으로 만들어야 안전합니다.

블렌딩 레시피

보관

에센셜오일은 변질되기 쉬우므로 꼭 전용 용기에 보관하고, 직사광선이 닿지 않고 온도 변화가 크지 않은 곳에 둡니다. 여름에는 냉장보관하는 것도 좋은 방법입니다. 보통 개봉 후 조금씩 산화되기 시작하여 6개월~1년 이후에 변질됩니다. 오래된 에센셜 오일은 사용 전에 향을 맡아 변질 여부를 파악할 수 있어요.

여러 응용법

간장종지에 물을 담아 라벤더 오일을 한두 방울 정도 떨어트려 침대 곁에 놓으면 마음을 편안하게 하고 숙면에 도움이 됩니다. 우울감이 있거나 불면증에 시달리는 경우 좋아요. 비염이 있는 경우 샌들우드 오일을 티슈에 두 방울 정도 떨어트려 코에 대고 흡입하면 보조치료 효과를 볼 수 있어요.

목욕 시에는 먼저 물을 담은 그릇에 에센셜 오일을 떨어트리고, 이 물을 목욕물에 섞어주세요. 목욕물에 곧바로 에센셜 오일을 사용하면, 뜨거운 물의 증기와 습기가 병에 담긴 에센셜 오일을 변질시킬 수도 있거든요.

여성분들은 티트리 오일을 팬티에 한 방울 떨어트렸다가 말려서 입으면 냄새가 나지 않고, 분비물 양도 줄어들어요.

상·중·하향의 예시

상향	레몬그라스, 오렌지, 페퍼민트, 베르가못, 그레이프푸르츠, 오렌지
중향	라벤더, 로즈마리, 일랑일랑, 자스민, 티트리
하향	샌들우드, 시더우드, 로즈우드

제가 어렸을 때부터 할아버지는

애애앵~
모기를 끔찍이 싫어하셔서

HANDMADE
선물해 드렸지요.
(홍삼보다 좋을 듯)

비
장
치이익~
건강하세요!

#4 진짜 보약

* 부엌이야기

2nd story

오렌지 껍질 주방세제

*

오렌지나 자몽 껍질에는 산 성분인 리모넨이 있어서 기름때를 녹입니다. 리모넨은 실제 세제에 들어있는 성분이기도 하지요.

–

준비물 오렌지, 소주, 분무기

–

❶ 먼저 오렌지는 베이킹소다와 식초를 이용해 껍질을 깨끗이 씻어주세요.

❷ 껍질을 잘게 썰어서 병에 넣고, 잠길 정도로 소주나 에탄올을 부어주세요.

❸ 이 상태로 일주일 정도 숙성시키면 세제가 완성됩니다. 오렌지 껍질은 걸러내고, 원액을 물과 1:1 비율로 타서 분무기에 넣고 사용합니다.

❹ 가스레인지나 싱크대의 기름때 등이 깨끗하게 닦여요. 저는 가스레인지 옆에 스프레이를 두고 사용할 때마다 수시로 쓱쓱 뿌려서 닦아준답니다.

'숨 쉬는 그릇' 이라고 하는 뚝배기를 설거지하면, 사이사이 구멍에 세제를 머금고 있다가 내뿜는다는 사실 알고 계시나요? 설거지를 하는 동안 주방세제는 알게 모르게 식기에 조금씩 남게 됩니다. 이렇게 섭취하는 세제 잔여물이 일 년에 평균 소주 두 컵 정도나 된다고 해요. 천연 주방세제는 자주자주 만들어 줘야 하는 것이 조금 귀찮지만, 식기에 남은 세제를 우리가 매일 조금씩 섭취하고 있다고 생각하면 화학제품을 마냥 마음 놓고 사용할 수 없지요.

!

천연 주방세제 만들기

밀가루 주방세제

*

유통기한 지난 밀가루, 벌레 생긴 밀가루를 설거지에 활용할 수 있어요. 부침가루나 핫케이크 가루 등으로 응용할 수도 있습니다.

-

준비물 **밀가루 2컵, 물 1컵, 식초 1컵, 굵은소금 1티스푼**

-

❶ 분량의 밀가루, 물, 식초, 소금을 다 넣고 잘 섞어줍니다.

❷ 깔때기를 이용하여 펌핑 용기에 넣고 사용해요. 거품은 나지 않지만 그릇이 깨끗하게 닦입니다. 방부제가 들어있지 않으므로 냉장보관하고, 일주일 정도 사용할 수 있어요.

주의 사용 후에는 꼭 찬물로 마무리해서 싱크대에 잔여물이 남지 않도록 해주세요.

천연 주방세제 만들기

천연 계면활성제 주방세제

*

준비물 알킬(라우릴/코코/데실) 글루코사이드, 애플워시, 글리세린, 구연산

-

❶ 애플워시 25g과 알킬 글루코사이드 25g을 섞어줍니다.

❷ 글리세린 소량을 넣어주면 맨손으로 설거지 할 때도 손 피부를 보호할 수 있어요. 정제수 50g을 섞어주고, 구연산수를 이용해서 산도를 중성으로 맞춰주면 완성입니다.

❸ 알킬 글루코사이드의 종류에 따라 제형이 지나치게 묽게 완성될 수도 있습니다. 때문에 거품이 잘 나지 않아 설거지가 불편할 경우에는 거품 기를 사용하면 좀 더 편하게 쓸 수 있습니다.

❹ 한 달 이상 보관할 경우 천연방부제를 1g 첨가합니다.

1

KITCHEN

프라이팬 세척하기

커피 찌꺼기, 밀가루 이용

*

기름 요리를 한 이후 프라이팬이나 그릇을 닦으려면 키친타월을 몇 장씩 사용하거나, 기름 범벅이 된 싱크대를 잡고 사투해야 합니다. 커피 찌꺼기로 프라이팬을 닦으면 기름성분이 커피 찌꺼기와 엉겨 붙으므로 기름때를 쉽게 제거할 수 있어요. 프라이팬에 밀가루를 세 스푼 정도 뿌리고 문질러주면 기름때가 반죽되듯 밀가루와 엉겨 붙어 제거가 쉬워집니다. 이렇게 기름때를 제거한 프라이팬은 물로 헹구기만 해도 아주 깨끗해져요.

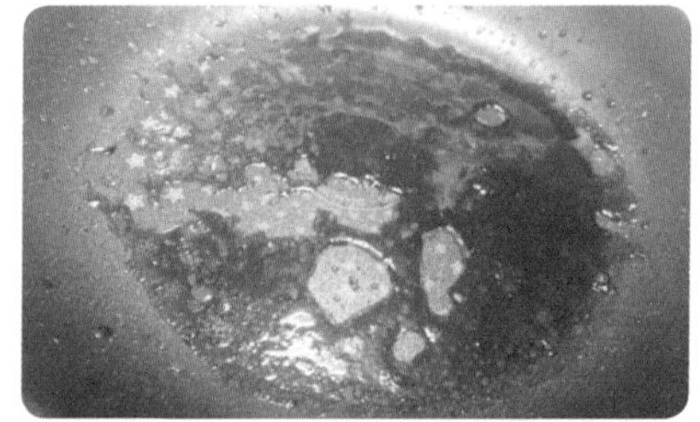

소주로 기름때 제거하기

*

소주의 주정알코올 성분은 기름을 녹이는 성질이 있습니다. 고깃집에 가면 기름기 가득한 테이블을 소주로 닦곤 하죠. 프라이팬 표면에 소주를 붓고, 키친타월이나 부드러운 수세미로 닦아주면 됩니다.

EM 활성액으로 살균하기

*

희석한 EM 활성액을 프라이팬 표면에 뿌려뒀다가 닦으면 기름때 제거뿐만 아니라 살균효과 까지 볼 수 있습니다.

세제 없이 컵 설거지하기

찻물 든 찻주전자, 찻잔 세척하기

*

찻주전자와 찻잔에 차를 오래 마시다 보면 찻잔에 조금씩 찻물이 들어요. 어느 순간 보면 하얗기만 했던 도자기가 얼룩덜룩 홍차색으로 물들어 있지요. 이렇게 물들어버린 찻잔은 아무리 주방세제로 닦아도 잘 닦이지 않아요. 찻잔에 베이킹소다를 뿌려서 닦으면 차의 탄닌성분과 알칼리성분이 반응하여 찻물 얼룩이 깨끗하게 닦인답니다.

유리컵, 물때 낀 물병

*

달걀 껍데기나 굵은소금을 한 스푼 넣고, 물을 넣은 후 입구를 막고 흔들어줍니다. 달걀 껍데기가 수세미 역할을 하고, 굵은소금의 염소성분으로 인해 유리가 깨끗하게 닦여요.

천연 배수구 세정제 만들기

과탄산소다로 청소하기

*

과탄산소다는 베이킹소다보다 세정력이 강하기 때문에 배수구 청소에 적합합니다. 싱크대 배수구에 과탄산소다를 뿌리고, 그 위에 40도 이상의 따뜻한 물을 부어줍니다. 거품이 일어나는 중화반응이 끝나면 물로 깨끗하게 세척해 줍니다. 달리 솔로 문지르지 않아도 깨끗하게 씻긴 것을 확인할 수 있어요. 물로 헹군 이후 식초로 한 번 마무리하면 과탄산소다 잔여물이 깨끗이 중화되어 남지 않아요.

EM으로 물때 예방하기

*

EM 발효액을 수시로 싱크대 배수구에 뿌려주면 하수관 속에 낀 이물질이 분해되며 부패를 막아주어 싱크대 악취가 사라지게 됩니다. 또 싱크대에 물때가 끼는 것도 예방할 수 있습니다.

레몬으로 천연 배수구 탈취제 만들기

*

배수구에서 불쾌한 냄새가 계속 난다면, 레몬 얼음을 만들어 탈취시킬 수 있습니다.

-

준비물 레몬, 식초, 얼음 트레이

-

❶ 먼저 레몬을 잘 씻은 후 적당한 크기로 잘라줍니다.

❷ 얼음 트레이에 넣고 잠길 정도로 식초를 부어주세요.

❸ 완성된 레몬 얼음을 배수구에 넣어주면 식초와 레몬의 산성분이 악취도 잡아줍니다. 은은한 레몬 향기까지 느낄 수 있으니 일석이조겠죠?

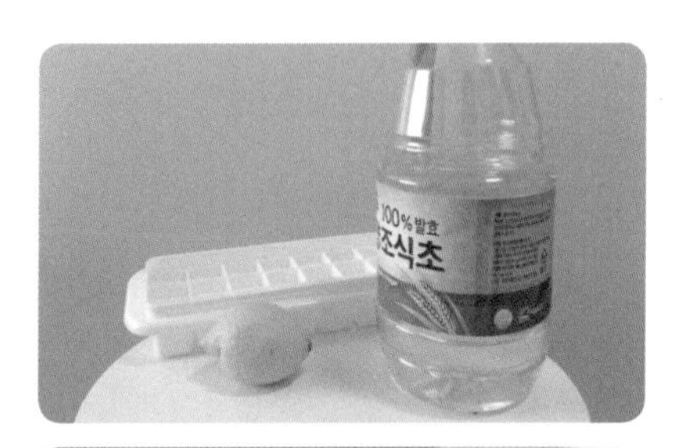

세제 없이
각종 주방도구 세척하기

탄 냄비

*

불에 올려놓고 깜빡 태워버린 스테인리스 냄비는 베이킹소다로 쉽게 복구할 수 있습니다. 냄비에 베이킹소다 두 스푼과 물 조금을 넣고 팔팔 끓여주세요. 까맣게 탄 부분이 물 위로 떠오르는 것을 볼 수 있습니다. 간혹 심하게 탄 경우 탄 정도에 따라서 20분 이상 충분히 끓여준 이후 부드러운 수세미로 닦아주면 탄 부분이 쉽게 떨어집니다.

주의 탄 부분이 심한 경우에는 끓이기 전 물에 충분히 불려주세요.

더러운 도마

*

실리콘이나 플라스틱 도마는 주방세제로 닦기도 하지만, 나무 도마의 경우 세제로 매번 닦으면 나뭇결 사이로 세제가 스며들어 위생상 좋지 않아요.

-

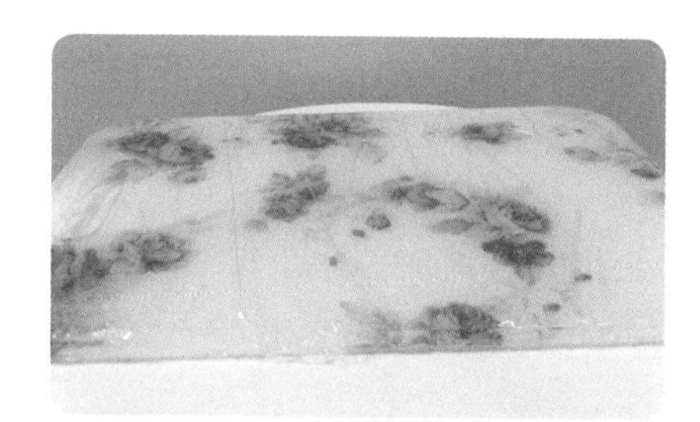

❶ 구연산수 이용 물 200g에 구연산 1 작은술을 넣으면 구연산수가 됩니다. 이 구연산수를 도마에 뿌린 다음, 랩을 덮어주세요. 몇 분 후 물로 씻어주면 살균 소독이 됩니다.

❷ 굵은소금 이용 굵은소금을 도마에 뿌린 뒤 수세미로 문질러 줍니다. 물로 헹궈 마무리하면 됩니다. 소금이 도마를 깨끗하게 소독해주는 효과도 있고, 굵은 입자가 표면에서 마찰을 일으키면서 도마 칼집 사이에 낀 이물질들도 제거해 주는 효과가 있답니다.

❸ EM 활성액 이용 EM 활성액을 도마에 뿌려두었다가 닦으면 살균 효과가 있습니다.

세제 없이 각종 주방도구 세척하기

세균투성이 행주

*

행주는 항상 축축한 상태이기 때문에 세균이나 곰팡이가 번식하기 좋습니다. 살균을 위해서는 매일 삶아줘야 하는데 쉽지 않은 일이죠. 희석한 EM 활성액에 행주를 담가두면 악취가 제거되고 살균소독이 됩니다. 또, 더러워진 행주를 EM 활성액에 하루 정도 담가두었다가 빨면 찌든 때가 빠져 새것처럼 하얗게 돌아와요.

녹슨 조리기구

*

구연산수에 30분~1시간 정도 담갔다가 닦아주면 깨끗해집니다. 구연산을 사용해서 스테인리스 제품을 닦으면 변색된 부분이 돌아오고 얼룩이 제거되며, 새것처럼 광이 나게 됩니다. 다만 구연산은 산성으로 스테인리스를 부식시킬 가능성도 있으므로 높은 농도로 사용하지 않도록 주의합니다.

세제 없이 각종 주방도구 세척하기

전기포트

*

매일 사용하는 전기포트는 물때가 끼기 쉬운데요, 가전제품이라 세척이 쉽지 않죠. 구연산을 이용하면 쉽게 청소할 수 있습니다. 먼저 전기포트에 구연산수를 넣고 물을 따뜻할 정도로만 데워주세요. 구연산이 전기포트 안쪽에 하얗게 들러붙은 석회질을 녹여줍니다. 1시간 후에 깨끗하게 닦아줍니다.

믹서기

*

믹서기에 달걀 껍데기와 굵은소금, 물을 넣고 믹서기를 작동시킵니다. 내용물을 버린 이후 물을 넣고 작동시켜서 내부를 깨끗이 씻어주세요. 식초를 넣고 작동시키면 냄새도 사라집니다.

반찬통 냄새 제거하기

7

*

한국인의 반찬통은 특히 냄새가 강하게 뱁니다. 김치 냄새, 장아찌 냄새, 젓갈 냄새들은 내용물이 반찬통을 떠난 이후에도 참 자기주장이 강하죠. 지금까지 위에서 배운 내용을 응용하면 반찬통 냄새도 쉽게 제거할 수 있답니다.

-

❶ 반찬통에 밀가루 푼 물을 하루 정도 넣어주었다가 씻습니다.

❷ 반찬통에 커피가루 푼 물을 하루 정도 넣어주었다가 씻어냅니다.

❸ 식빵을 하루 정도 넣어둡니다.

쌀뜨물로 그릇과 뚝배기 설거지하기

8

*

쌀을 씻고 나온 쌀뜨물로 설거지를 하면 그릇에 남은 기름기를 쉽게 제거할 수 있어요. 쌀뜨물 속의 녹말 성분이 지방을 녹여주는 원리지요.

-

❶ 쌀을 첫 번째 씻은 물에는 각종 불순물이 있으니, 두 번째 물부터 받아놓았다가 설거지를 할 때 사용합니다.

❷ 실제로 사용해 보니 더러운 그릇이 반짝반짝 깨끗해졌어요.

❸ 특히 뚝배기를 세제로 씻으면 숨구멍에 세제를 품는다고 하죠. 쌀뜨물에 뚝배기를 30분 정도 담가두었다가 씻으면 아주 깨끗해진답니다.

아기 그릇용 주방세제 만들기

*

아이의 밥그릇에 남아 있는 세제는 더욱 치명적이겠죠? 천연유래 계면활성제 중에서도 특히 순한 애플워시를 이용해 아기 그릇용 주방세제를 만들어 봅시다. 애플워시는 다른 계면활성제에 비해 세정력이 약하므로, 정제수 대신 정균 기능이 뛰어난 EM 발효액을 사용할 거예요. EM 속 미생물이 싱크대 배수관의 산화를 막아주고 악취도 제거해주므로 일석이조입니다.

-

준비물 **EM 발효액, 애플워시, 구연산**

-

❶ 애플워시 50g에 EM 발효액 50g을 섞어 줍니다.

❷ 구연산수를 이용해 산도를 중성으로 맞춰 줍니다. 한 달 이상 보관할 경우 천연방부제를 1g 첨가합니다.

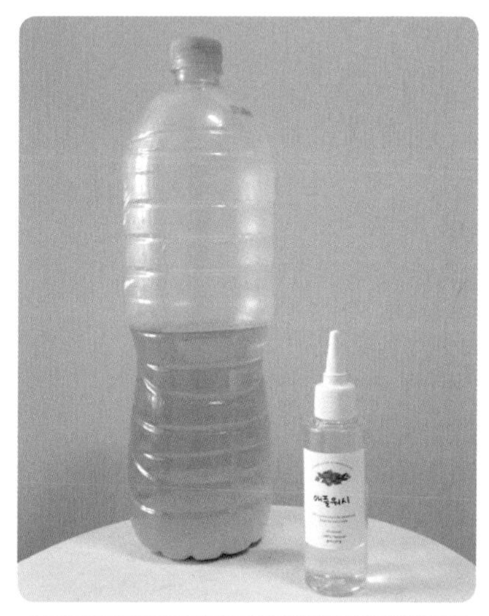

주방
세제

노케미족, 참견이라는 숙명을 타고나다

essay 5

가끔 이렇게 카페에서 멍하니 글을 쓰고 있으면 의도치 않게 여러 이야기들을 주워 담게 됩니다. 엄마들의 수다 소리, 아저씨들의 열변, 꺄르륵 숨넘어가는 여대생들, 속삭이는 연인들, 문득문득 그들의 말소리들이 툭툭 제 노트북 앞으로 떨어집니다.

웃고 떠들다가도 사람들이 가장 열 올리는 건 조언을 주고받을 때에요. 너 왜 그 남자 아직도 만나니, 넌 왜 고기를 안 먹니, 넌 왜 졸업을 안 하니, 넌 왜 퇴사를 했니. 그리고 대화는 보통 이런 식으로 끝납니다. '참 이상하다.' 맞아요. 참 이상해요. 그거야 이해할 수 없으니 당연한 일이겠죠.

'너 왜 그렇게 유난이니'냐는 질문을 노케미족은 피해 갈 수가 없습니다. 벗어날 수 없는 숙명처럼 태생부터 예언된 질문이지요. 이런 참견이나 예민하다는 반응 때문에 상처받는 분들을 많이 봅니다. 그런데 누구나, 삶에서 예민한 점 하나씩은 있어요. 누군가는 커피 냄새를 못 참고, 누군가는 오리고기를 못 먹고, 누군가는 어떤 기업이라면 쓰던 물건도 버리며 불매운동을 해요. 누군가는 아프면 한의원에 가고, 누군가는 양방이 아니면 진료도 받지 않지요. 누군가는 '일본산' 라벨이 붙은 음식에 입도 대지 않는데, 누군가는 아랑곳하지 않고 즐겁게 여행을 다니기도 해요.

처음에는 이런저런 말로 제 삶을 옹호하려고도 해 봤어요. 아픈 몸이 어떻게 나아졌는지, 얼마나 마음이 편한지, 또 화학제품들이 얼마나 무서운지에 대해 설명한 적도, 혹은 괜히 속상한 맘에 날카롭게 답한 적도 있었고요. 그런데 이런 일이 몇 번 반복되며 가만히 생각해 보면 굳이 '유난'이라는 사람들을 설득할 필요도, 또한 이런 비난을 마음에 담아 둘 필요도 없다는 생각이 들어요. 오히려 어떤 말들은 꼭 생각해 볼만한 조언이 되기도 하고요.

헤르만 헤세의 『데미안』에 이런 구절이 나와요. '우리는 누구나 자기 자신만을 설명할 수 있을 뿐이다.' 중요한 건 스스로 자신의 삶을 이해하고, 보듬고, 또 행복하게 이끌어 나가는 게 아닐까요. 우리가 타인을 온전히 이해할 수 없듯이, 노케미족을 유난이라고 생각하는 타인들도 우리를 온전히 이해할 수 없는 것뿐이에요. 어쩌면 그들은 아이가 없어서, 자신이 건강해서, 우리만큼 위협을 느끼지 않아서 그런 것뿐, 언젠가는 서로를 이해하게 될지도 모르죠. 아무튼 지금 우리는 각자 신념을 가지고 자신의 행복을 찾아 행동할 뿐이에요.

스트레스 받을 일도 많은 세상, 또 화학 없는 삶을 고민하기도 바쁜 하루하루에, 타인의 시선까지 스트레스로 돌리지는 말기로 해요. 그 어떤 약품보다 해롭게 우리를 갉아먹는 것이 바로 스트레스니까요!

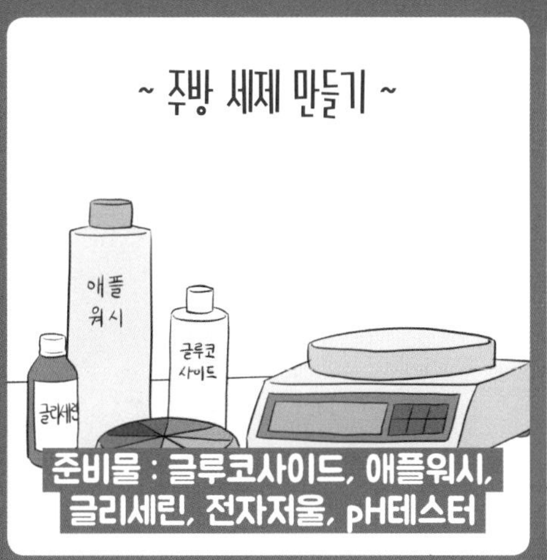
~ 주방 세제 만들기 ~
애플 워시
글루코 사이드
글리세린
준비물 : 글루코사이드, 애플워시,
글리세린, 전자저울, pH테스터

25g...
25g...
집중
집중
쪼르르
글루코사이드 25g을 넣어줍니다.

25g...
25g...
아앗
미끌~
...

으앙ㅠ
콸콸콸
...

#5 주방 세제 만들기

락스

* 청소이야기

3rd story

락스 없이 욕실 곰팡이 청소하기

과탄산소다 이용하기

*

락스 대신 욕실 바닥 청소에 적합한 물질은 바로 과탄산소다입니다. 곰팡이는 산성에서 번식하기 때문에, 식초나 구연산으로 곰팡이를 청소하는 것은 장기적으로 오히려 곰팡이 번식에 도움이 되는 일입니다. 그러므로 곰팡이는 꼭 알칼리성 세제로 청소해야 해요. 과탄산소다도 강한 알칼리성 성분이기 때문에 곰팡이 제거에 큰 효과를 볼 수 있어요. 타일 구석구석을 비롯한 욕실 전체에 과탄산소다를 뿌리고 따뜻한 물을 뿌려주세요. 따로 닦지 않아도 대부분의 때가 제거됩니다. 오염이 심한 구석 부분만 솔로 닦아주세요. 손쉽게 하얀 욕실 바닥을 만날 수 있어요.

염소계표백제인 락스는 독성이 매우 강한 물질입니다. 사용 후 호흡기나 눈 점막 통증을 유발하기도 하지요. 곰팡이 제거에 락스만큼 탁월한 물질은 없지만, 이런 위험성 때문에 아이가 있는 집에서는 사용하기 쉽지 않아요.

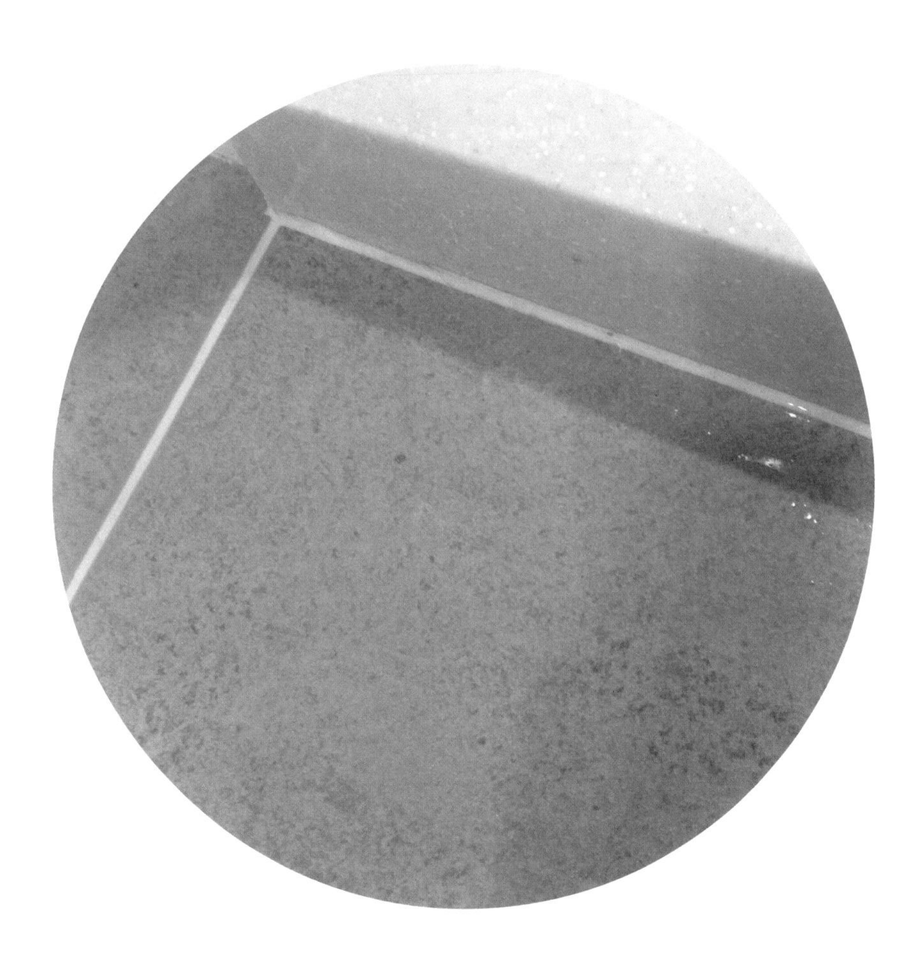

락스 없이 욕실 곰팡이 청소하기

EM 이용하기

*

오염이 심한 타일 사이에는 EM 발효액을 화장지에 적셔 자기 전 타일 사이사이에 붙여주세요. 아침에 떼기만 해도 찌든 물때나 곰팡이가 깨끗하게 제거됩니다.

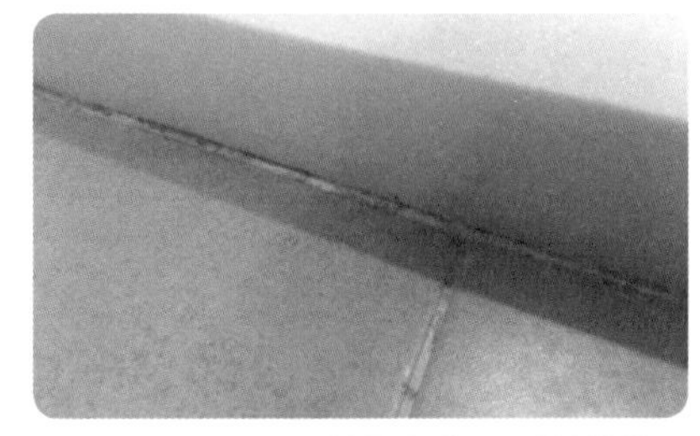

구연산수 이용하기

*

변기 주변과 안에 생기는 때는 알칼리성이므로, 산성인 구연산수로 예방할 수 있습니다. 안과 주변 구석구석에 구연산수를 뿌려주면 이후 찌든 때가 잘 끼지 않아요.

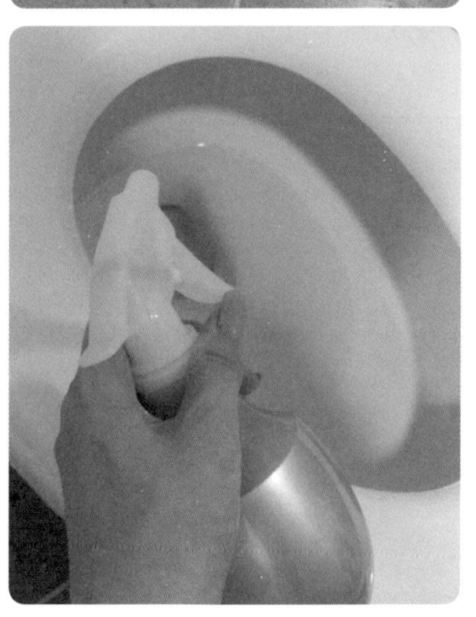

수도꼭지,
샤워기 청소하기

*

오래된 세면대의 수도꼭지, 욕실 샤워기는 아무리 닦아도 새것 같은 반짝임을 찾기 힘들어요. 이럴 땐 레몬이나 오렌지 껍질 안쪽 하얀 부분으로 닦아주세요.
과일 껍질의 산 성분이 표면의 녹을 없애서 반짝이고 깨끗하게 닦아줍니다.
귤, 오렌지, 자몽, 레몬 같은 과일 껍질 안쪽 흰 부분에는 리모넨이라는 성분이 있는데요, 이 성분은 산성으로 기름때를 제거해주고, 스테인리스의 녹을 제거해서 반짝거리게 만들어줍니다. 과일을 먹은 후 남은 껍질의 안쪽 면으로 수도꼭지나 샤워기를 닦아주세요.
산성 성분을 이용한 청소법이므로, 식초나 구연산수로 닦아도 같은 효과를 볼 수 있답니다.

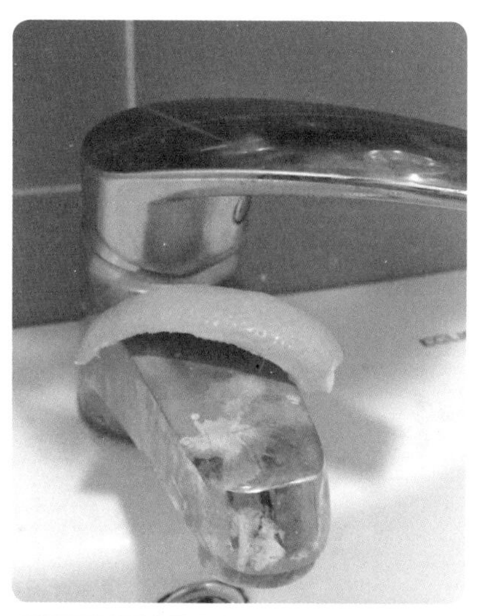

식초, 구연산으로 전자레인지, 세탁기, 밥솥 청소하기

전자레인지

*

전자레인지 안쪽에는 튄 음식물들이 눌어붙어 있어서 세정이 쉽지 않아요. 당연히 세균도 많이 서식하고 있겠죠? 그런데 아무래도 음식을 넣는 가전이다 보니 세제를 사용하기 망설여져요. 이럴 때 식초를 이용하면 쉽게 전자레인지를 청소할 수 있습니다.

–

❶ 먼저 컵에 물과 식초를 3 : 1 비율로 넣고, 물이 끓을 정도로 3~5분 정도 충분히 전자레인지를 돌려줍니다. 식초물이 기화되어 천장과 벽면에 맺히고, 내부에는 습기가 촉촉하게 가득 차서 눌어붙은 음식물도 닦기 쉬운 상태가 됩니다. 그냥 행주로 닦기만 해도 얼룩 없이 깨끗하게 닦여요. 식초에는 살균 효과까지 있으니, 보이지 않는 세균들도 잘 제거되었겠죠? 그런데 이렇게 청소를 하고 나면 내부에 식초 냄새가 남게 됩니다.

❷ 과일을 이용해서 냄새를 없애 볼게요. 여름에는 자몽, 겨울에는 귤이나 오렌지를 사용하면 됩니다. 과일 껍질을 넣고 전자레인지를 작동시켜 주세요. 제품 출력에 따라 다르지만, 2분 내외로 짧게 돌려서 껍질이 타지 않게 주의해주세요.

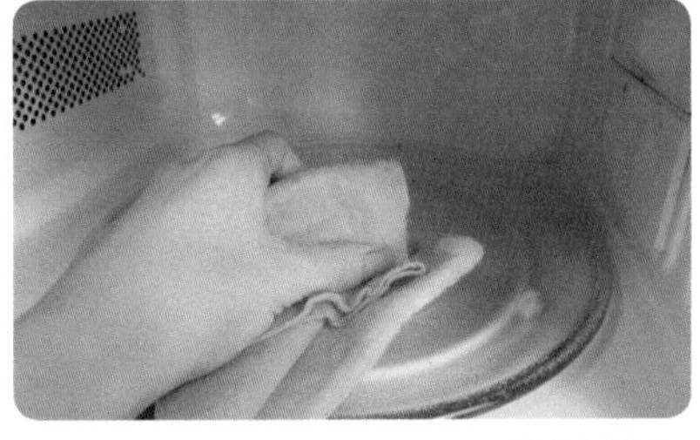

3

CLEANING

식초, 구연산으로 전자레인지, 세탁기, 밥솥 청소하기

드럼세탁기

*

먼저 식초 분무기를 이용해 식초물을 내부 구석구석, 고무패킹 사이사이까지 뿌려줍니다. 평소에 섬유유연제 대신 식초를 넣는 습관을 들이면 일상적인 살균효과를 볼 수 있답니다.

TIP 내부 통 청소는? 과탄산소다 한 컵과 수건 한 장을 넣고, 40도 이상 뜨거운 물로 세탁기를 한 코스 작동시켜 줍니다.

전기밥솥

*

밥솥은 항상 따뜻하고 축축하기 때문에 세균이나 곰팡이가 번식하기 쉬워요.

–

밥솥에 물과 구연산이나 식초 2스푼을 넣고 취사시켜줍니다. 증기가 뿜어져 나오며 내부는 물론 청소하기 힘든 추 안쪽까지 청소가 됩니다. 일주일에 한 번 정도 소독해 주면 깨끗함이 유지됩니다.

유리, 거울 닦기

EM 이용하기

*

EM 활성액을 50배 희석하여 유리나 거울을 닦아주면 깨끗합니다. 그냥 활성액을 적신 티슈로 닦아도 거울에 전혀 물자국이 남지 않아서, 큰 전신거울도 편하게 닦을 수 있습니다.

소금물 이용하기

*

소금을 이용해 유리를 깨끗하게 닦아봅시다. 먼저 물에 굵은소금을 한 스푼 타서 소금물을 만들어줍니다. 분무기로 물을 뿌려서 신문지를 유리에 붙여줍니다. 몇 시간 후 떼면 자국 없이 반짝반짝해져요.

EM으로 부억 찌든 때 없애기

5

*

키친타월에 EM 원액을 적셔 찌든 때에 하루 정도 붙여둔 뒤 제거하면 깨끗해집니다.

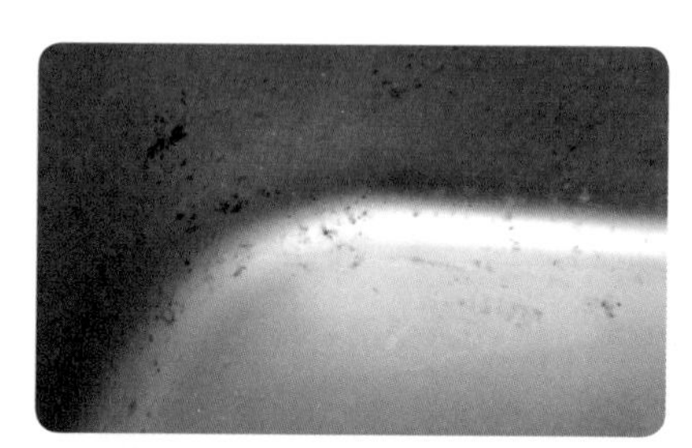

굵은소금으로 카펫, 러그 청소하기

6

*

러그나 카펫을 베란다에서 털어 보신 적 있나요? 털어도 털어도 어디선가 먼지가 계속해서 떨어지죠. 러그는 청소가 쉽지 않아서 번지가 쌓이거나 집 먼지 진드기가 서식하기 쉽습니다. 이 때문에 러그가 호흡기나 피부 질환의 원인이 되기도 하지요.

-

❶ 러그에 굵은소금을 골고루 뿌린 뒤 2~3시간 방치했다가 문질러 주세요. 소금이 수분을 빨아들이면서 먼지까지 같이 흡착됩니다.
❷ 청소기로 이 위를 밀면 소금과 먼지, 머리카락, 진드기까지 한꺼번에 제거됩니다.

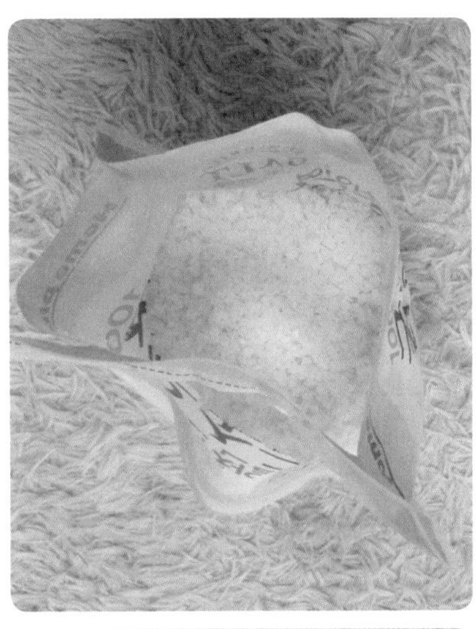

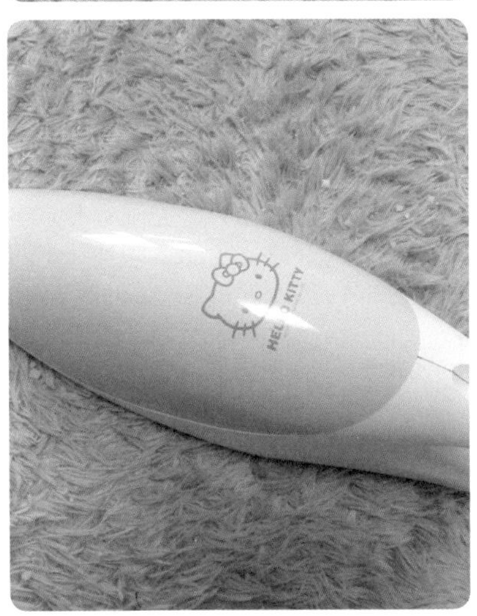

방부제 없는 물티슈 만들기 7

*

물티슈는 특히 아이가 있는 가정에서 유용하게 사용합니다. 2013년 보존제 파동 이후 식약처가 화장품으로 분류하여 관리하고 있어서 안전성 인증 기준이 비교적 높지만, 아무리 순한 제품이라도 제품 특성상 미량이나마 보존제가 들어갈 수밖에 없습니다. 아기가 있는 집이라면 물티슈 대신 거즈를 사용하거나 직접 만들어 쓰는 것이 안전하겠죠.

-

준비물 **거즈, 에탄올, 글리세린, 케이스**

-

적당한 케이스를 준비해 순면 거즈를 알맞은 크기로 잘라서 넣어주고, 에탄올 20g 정제수 30g을 부어주었어요. 피부에 직접 닿는 용도로 사용할 거라면 글리세린도 1g 정도 첨가해주세요.

주의 반드시 냉장 보관하고, 2-3일 내로 사용해야 합니다. 세균이 번식하기 쉬운 한여름에는 비타민 E나 티트리 오일 등 방부제 역할을 할 수 있는 천연물질을 조금 첨가해주면 변질을 방지할 수 있어요.

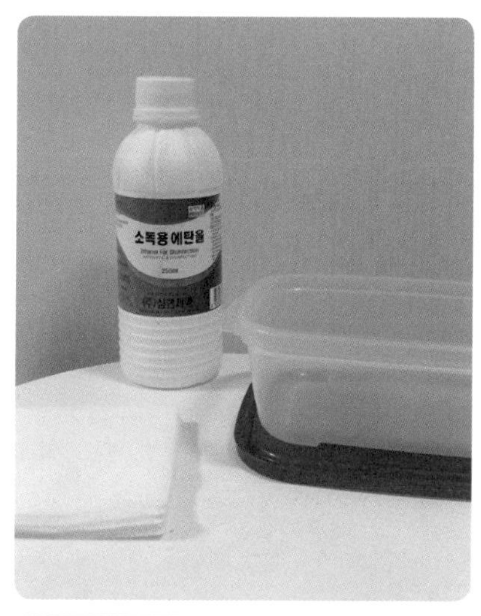

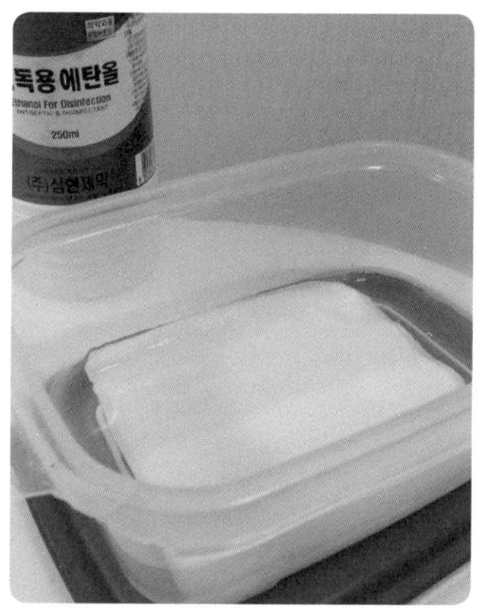

유리조각 청소하기

8

*

유리조각이나 작은 구슬 들을 흘렸을 때! 저는 제습제를 만들다가 동그란 실리카겔을 바닥에 잔뜩 흘려버리고 말았어요. 유리조각은 위험해서, 작은 파편이나 구슬들은 일일이 줍기 힘들기 때문에 청소가 참 곤란하죠.
이럴 때 식빵 한 장으로 바닥을 쓸어주면 파편이 식빵 사이사이에 박히기 때문에 깨끗이 청소할 수 있습니다. 특히 집에 어린아이나 애완동물이 있어서 작은 파편도 치명적일 경우 아무리 바닥을 닦아도 마음이 놓이지 않는데요, 이럴 때 식빵을 이용해서 마무리 해주면 안심이겠죠.

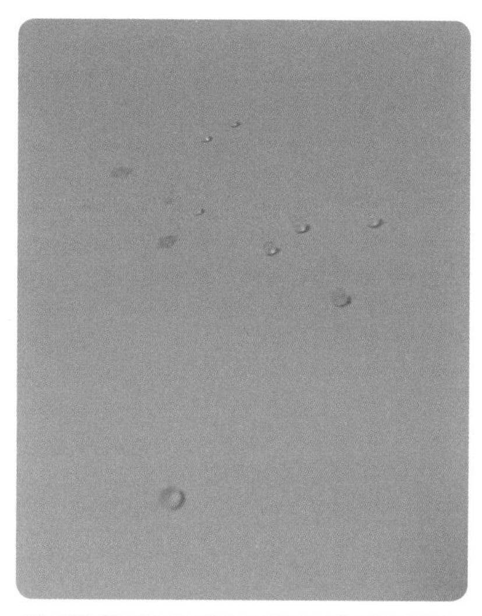

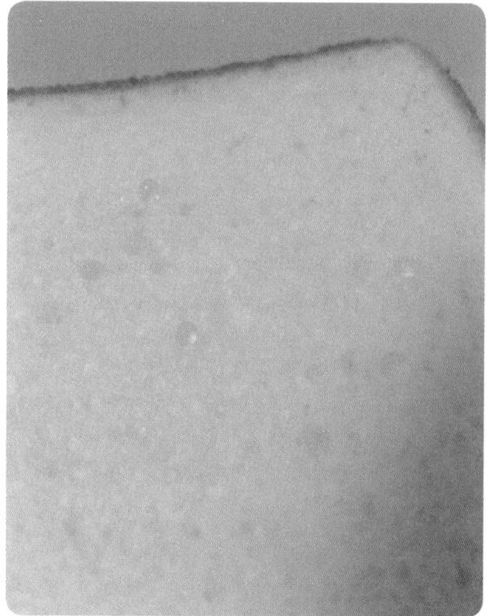

베이킹소다로 아기 장난감 세척하기

9

*

베이킹소다는 약알칼리성으로 찌든 때를 지워주는 작용을 할 뿐만 아니라, 결정을 부드럽게 하는 연마작용을 합니다. 유아들은 어떤 물건이든 입에 넣는 습관이 있기 때문에 일반 세제로 세척하면 위험할 수 있어요. 장난감이나 머리핀 등 유아용품은 순한 베이킹소다를 이용해서 세척하면 안전하지요.

–

대야에 따뜻한 물을 받아 베이킹소다를 두 스푼 풀고, 장난감을 30분 정도 담가뒀다가 솔로 구석구석 닦아주세요. 반짝반짝하게 닦인 모습을 확인할 수 있답니다.

#5 우리 집 냉장고

* 빨래이야기

4th story

천연 세탁세제 레시피

천연 계면활성제로 세탁세제 만들기

*

준비물 알킬 글루코사이드, 과탄산소다, 정제수

-

❶ 알킬 글루코사이드와 정제수를 1:1로 섞어줍니다. 여기에 과탄산소다를 1티스푼 정도 첨가해 주었어요. 과탄산소다가 들어있기 때문에 뜨거운 물로 세탁해야 합니다.

❷ 중성세제를 원할 경우 여기에 구연산을 더해 적정 산도를 측정하여 만들 수 있습니다. 한 달 이상 보관할 경우 천연 방부제를 용량의 1% 첨가해 줍니다.

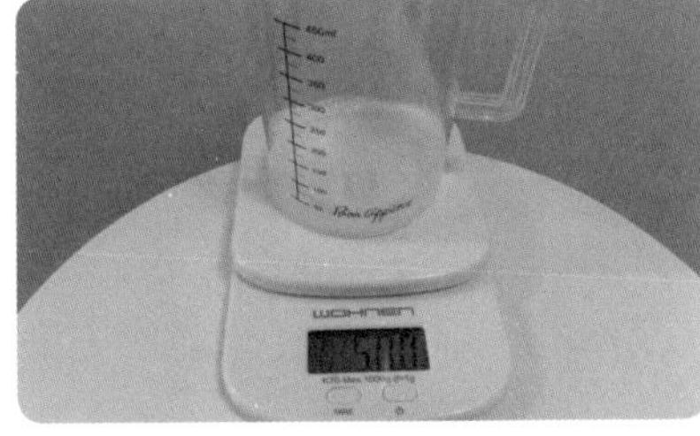

과탄산소다로 표백 빨래하기

*

과탄산소다 : 베이킹소다 : 구연산 : EM원액 : 코코베타인을 모두 사용하는 천연 세제 레시피가 가장 유명하지만, 과탄산소다+베이킹소다+구연산은 세정력을 높이는 데에 별 의미가 없습니다. 오히려 그냥 과탄산소다만 넣고 빨래를 해도 충분한 효과를 볼 수 있습니다. 뜨거운 물에 과탄산소다를 녹여 세제 칸에 넣고 세탁기를 돌려주면 됩니다.

Natural
Handmade
세탁세제
Only for you

정전기와 냄새, 뻣뻣함을 모두 잡아주는 천연 섬유유연제

2

*

옷감을 부드럽게 하고 포근한 냄새를 내고, 정전기를 방지하기 위해 세탁 시 마지막 헹굼 단계에 사용하는 세탁제가 섬유유연제입니다. 천연 섬유유연제도 이런 기능을 다 할 수 있도록 만들어 봅시다.

–

❶ 식초 사용 대부분의 세탁세제는 알칼리성이기에, 식초를 섬유유연제 대신 넣어서 헹굼물로 사용하면 옷감에 남은 세제 잔여물이 중화되어 제거되고 옷감이 부드러워집니다.

❷ 정제수와 구연산 사용 정제수와 구연산을 4:1로 섞은 한 컵을 사용합니다. 세탁기로 빨래 시에는 섬유유연제 칸에 넣고, 손빨래 시에는 마지막 헹굴 때 사용해 주세요. 옷감에 남아있을 균을 정균해주고, 세제 잔여물을 중화시키며, 옷감 변색과 정전기를 방지하는 효과가 있습니다. 뿐만 아니라 금속 구연산은 금속 이온을 흡착하는 기능이 있어, 세탁 시 옷에 남아 있을 수 있는 금속 이온을 제거해 줍니다. 그런데, 식초와 구연산만 사용해서는 정전기나 섬유 유연성은 잡을 수 있지만 섬유유연제의 향기는 낼 수 없어요. 이럴 때는 천연 에센셜 오일을 5~10방울 정도 넣어주면 빨래에서 좋은 향이 난답니다.

*

❶ 소금물에 청바지를 하루 정도 담가두면 청바지의 물빠짐을 막을 수 있고, 색상도 더 선명해집니다. 물에 소금을 한 큰 술 넣고 흰 옷을 삶아주면 표백 효과를 볼 수 있어요.

❷ 빨래를 삶을 때, 계란 껍질을 망이나 다시백에 넣어 빨래와 함께 삶습니다. 계란 껍질의 알칼리성분이 살균, 표백 작용을 합니다.

❸ 실크나 울 소재 옷은 중성세제(울샴푸)를 이용해서 세탁을 하곤 합니다. 우리 주변에 구하기 쉬운 중성물질로는 우유가 있습니다. 실크 소재의 블라우스를 우유에 담갔다가 세탁하면 변색을 막을 수 있습니다.

EM을 활용한 빨래

*

EM 활성액을 와이셔츠 목 부분에 바르고 10분 후 세탁하면 때가 깨끗이 빠집니다. 흰 빨래는 저녁에 EM 발효액을 한 스푼 정도 대야에 풀고 여기에 담갔다가 아침에 세탁하면 표백효과를 볼 수 있습니다.

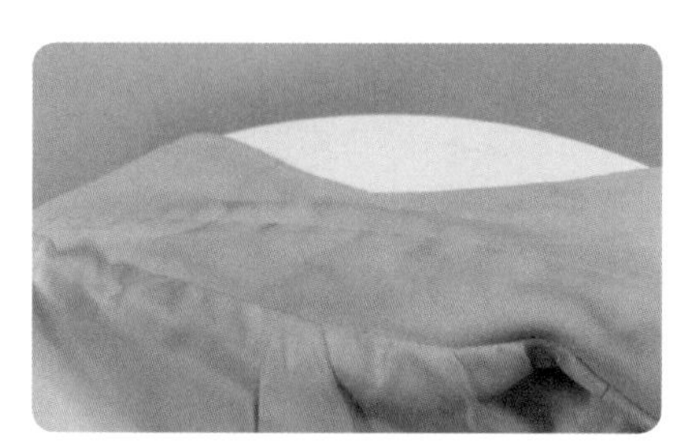

과탄산소다로 운동화 세탁하기

5

*

준비물 운동화, 과탄산소다

-

❶ 변색되고 더러워진 운동화입니다.

❷ 대야에 과탄산소다 한 컵과 따뜻한 물을 넣어 섞어줍니다.

❸ 하룻밤 정도 운동화를 담가두었다가 솔로 닦아주면 새것처럼 깨끗해졌네요.

주의 세무재질 운동화는 과탄산소다로 세탁 시 손상될 수 있습니다.

안전한 아기 옷 세탁법

*

아직 면역체계가 미성숙한 아이들은 화학물질에 더욱 취약합니다. 그래서 어머니들은 "순하고 안전한" 제품을 찾지요. 하지만 논란이 된 가습기 살균제 역시 "우리 아이를 위한, 안전한" 제품이라고 광고되었다는 사실을 잊지 맙시다. 제가 공부를 하다 보니, 잘못되었거나 위험한 정보가 널리 퍼진 것을 종종 보게 되었어요. 정말 안전한 '아기용'세제는 어떻게 만들어야 할까요? 베이킹소다는 과탄산소다에 비해 약알칼리성이라 세정작용이 그리 뛰어나지 않다는 점을 알려드렸었는데요, 바꾸어 말하면 그만큼 순하다는 의미도 됩니다.

-

❶ 아이들은 옷에 음식물을 흘리기 쉬운데요. 방치하면 금방 곰팡이로 번지게 됩니다. 베이킹소다를 푼 따뜻한 물에 옷을 빨아주세요. 이미 곰팡이가 피어 강한 세정력이 필요할 경우 베이킹소다에 과탄산소다를 소량 섞어서 사용합시다.

❷ 이후 아주 약한 구연산수나 식초에 살짝 담그면 거품이 일어나며 섬유에 남은 알칼리성 성분이 중화됩니다. 마지막으로 깨끗한 물에 헹궈줍니다.

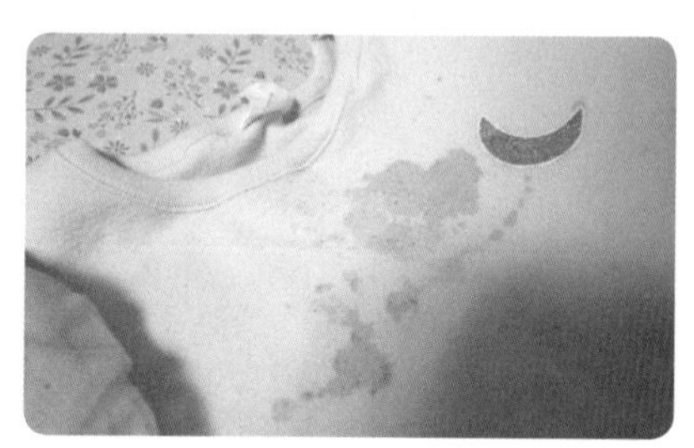

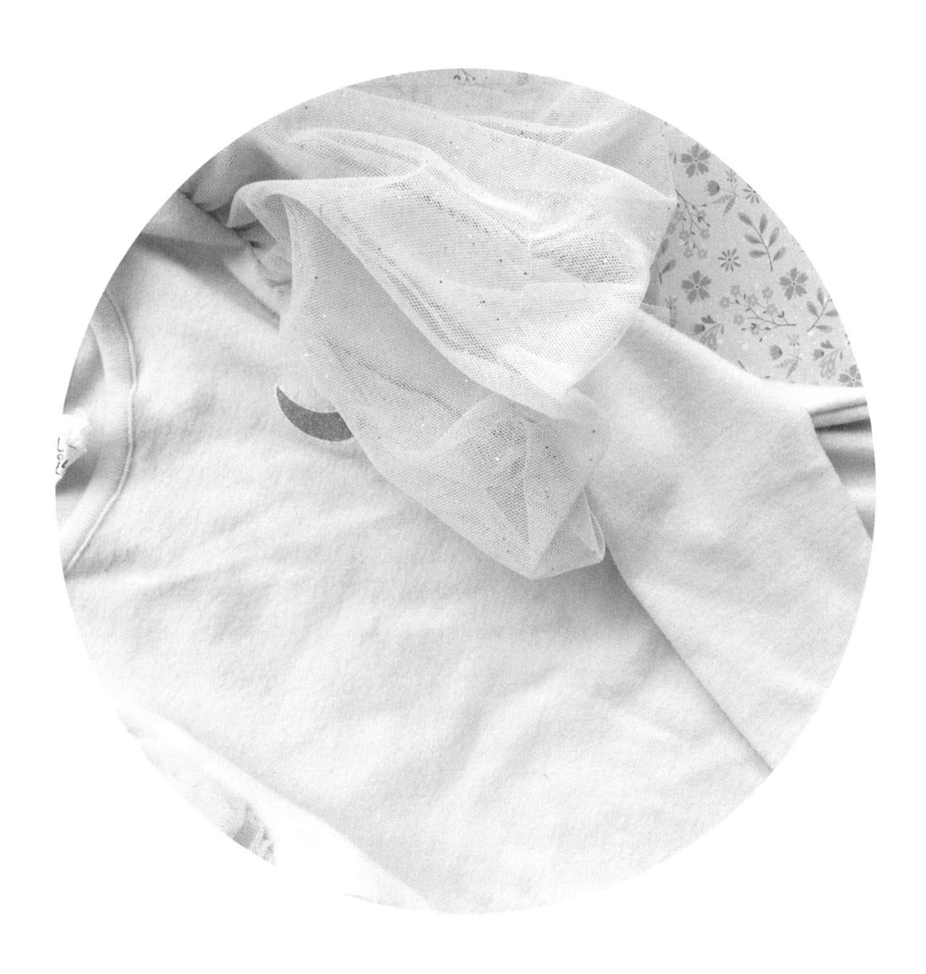

천연 표백 빨래 '검증'하기

*

변색된 속옷, 음식물 얼룩이 묻은 행주, 발바닥이 더러워진 흰 양말을 준비했어요.

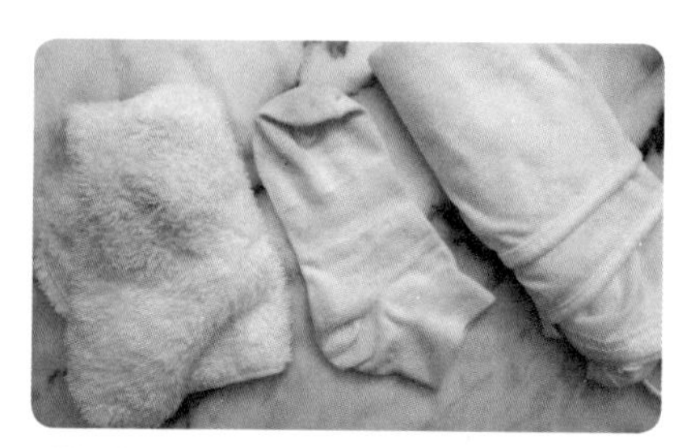

검증 a.
귤껍질로 표백하기

*

귤껍질에는 산 성분이 있어서 흰 빨래를 표백해 줄 수 있다고 합니다.

\-

❶ 먼저 귤껍질을 잘 말려줍니다.
❷ 말린 귤껍질을 푹 끓이면 귤껍질 물이 나와요.
❸ 그리고 이 귤껍질 물에 10분 정도 담갔다가 빨래하면 깨끗하게 표백이 된다고 합니다. 그런데, 귤껍질 물이 보기에도 참 노래 보이죠?
❹ 결과는 역시나, 귤껍질 물이 들어 오히려 더 노르스름해진 모습이에요.

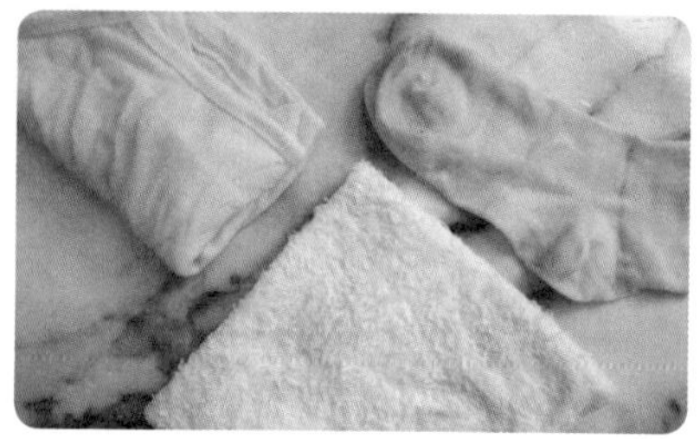

발 없는 말이 천리를 간다고 했던가요, 요즘은 이 재치 있는 속담이 가장 공감돼요. 어디선가 시작된 짧은 정보가 SNS를 타고 널리 퍼지고, 기사에 실리고, TV에 살림 정보로 등장하는 데에는 그다지 오랜 시간이 걸리지 않아요. 그렇다면 이 정보들, 정말 죄다 맞는 걸까요? 제가 직접 도전해 보았습니다.

검증 b.
달걀 껍데기로 표백하기

*

달걀 껍데기는 단백질과 탄산칼슘이 주성분으로, 염기성이어서 세척과 표백 효과가 있다고 합니다.

–

❶ 다시백이나 양파망 안에 달걀 껍데기를 넣어줍니다. 그리고 빨래를 삶아주세요.

❷ 찌든 때까지 지워주지는 못하지만, 흰 부분은 확실히 하얗게 된 것을 확인할 수 있었어요.

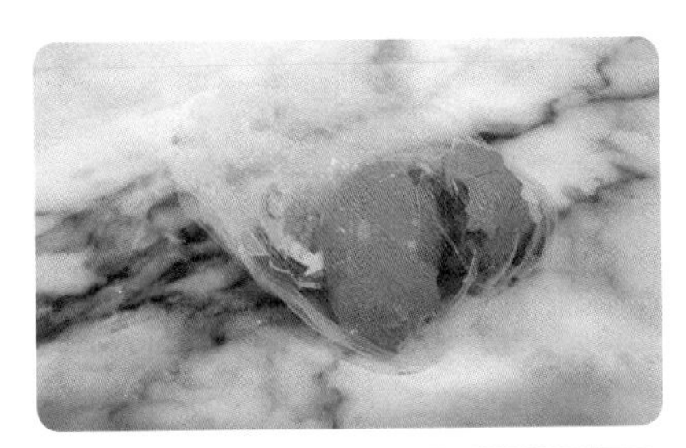

TIP 세탁기 사용 시 달걀 껍데기를 넣어주면 세제만 사용할 때보다 깨끗하게 빨래를 할 수 있어요. 달걀 껍데기가 빠지지 않도록 다시백 입구를 튼튼히 묶은 후, 빨래와 함께 세탁기에 넣어주세요.

천연 표백 빨래 '검증'하기

검증 c.
소금으로 표백하기

*

소금을 구성하고 있는 염소성분이 흰 빨래를 표백해준다고 해요.

-

❶ 굵은소금 두 스푼을 넣고 삶아주었어요.
❷ 달걀 껍데기를 넣고 삶을 때보다 희게 빨래가 됩니다.

TIP 세탁기에 사용할 경우, 세탁기를 돌릴 때 세제칸에 세제와 함께 소금 한 스푼을 넣어주세요.

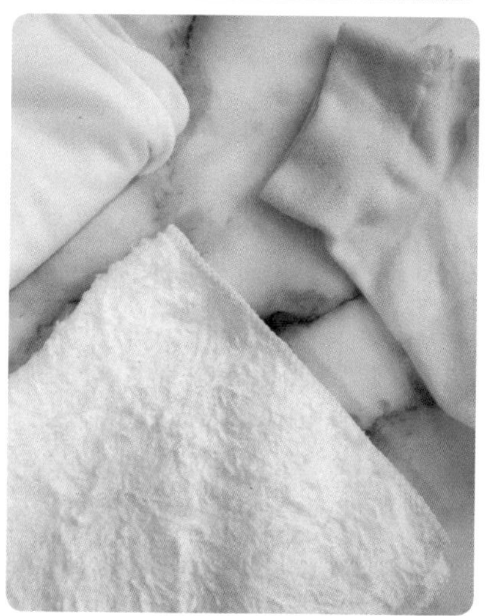

검증 d.

상한 우유로 표백하기

*

상한 우유에 블라우스를 담갔다가 세탁하면 표백에 도움이 된다고 합니다.

-

일반 우유는 중성~약산성인데에 비해, 상한 우유는 염기성으로 변한다는 원리를 이용한 표백법이라고 합니다. 효과가 크지는 않지만 변색된 부분이 조금 돌아왔고, 또 상한 우유를 재활용할 수 있다는 것도 장점이에요. 하지만 표백 효과가 미미한 데에 비해 냄새가 남을 위험성은 크다는 단점이 있어요.

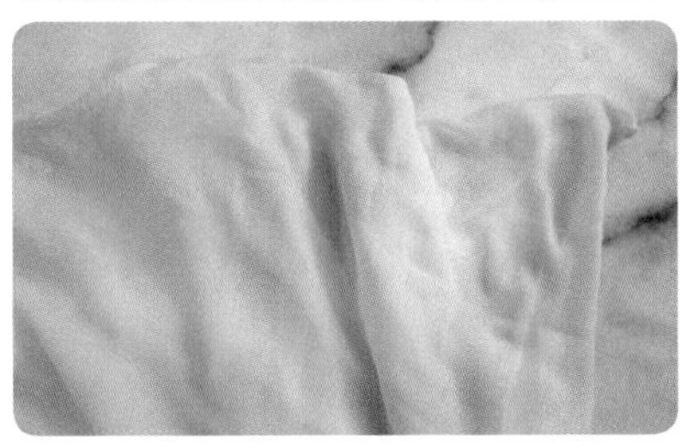

천연 표백 빨래 '검증'하기

검증 e.
과탄산소다로 표백하기

*

앞 장에서 살펴본 대로, 과탄산소다에는 뛰어난 표백 효과가 있어요.

-

❶ 과탄산소다 한 스푼을 넣고 삶았어요.
❷ 찌든 때가 거의 빠진 것을 볼 수 있어요.

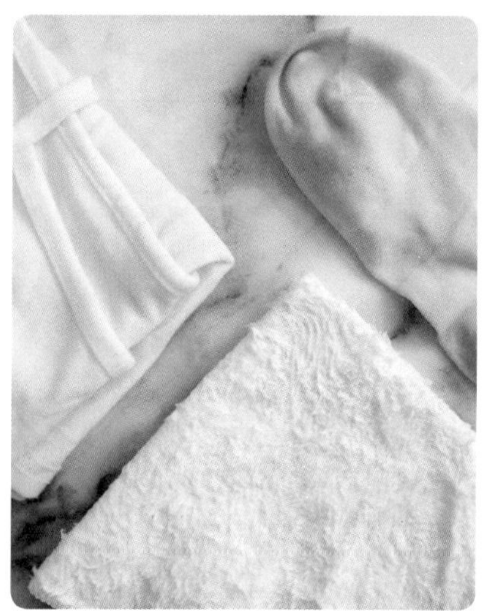

TIP '무해한 빨래 표백 방법' 중에서는 과탄산소다가 단연 뛰어납니다. 과탄산소다가 없는 상황, 혹은 아기 옷 등을 순하게 빨래하고 싶은 상황에는 소금이나 달걀 껍데기가 대체품이 될 수 있어요.

섬유에 따른 천연세제 맞춤 가이드

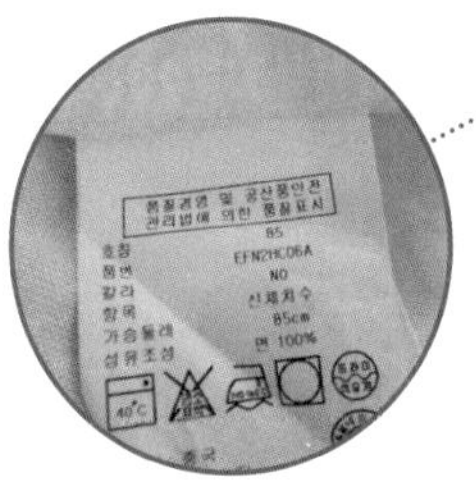

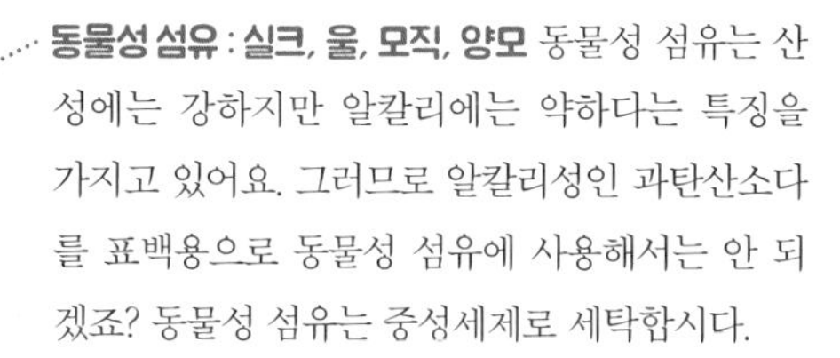
동물성 섬유 : 실크, 울, 모직, 양모 동물성 섬유는 산성에는 강하지만 알칼리에는 약하다는 특징을 가지고 있어요. 그러므로 알칼리성인 과탄산소다를 표백용으로 동물성 섬유에 사용해서는 안 되겠죠? 동물성 섬유는 중성세제로 세탁합시다.

식물성 섬유 : 면, 마 알칼리에는 강하지만 산성에는 약합니다. 과탄산소다를 이용해서 표백할 수 있고, 삶아서 세탁할 수 있습니다.

재생섬유 : 레이온, 아세테이트 알칼리, 산성 모두에 약할뿐만 아니라 수분에도 약하므로 잘못 세탁했다가는 옷이 줄어들 수 있어요. 세탁 시 중성세제를 이용하여 찬물에서 세심하게 손빨래해주세요. 그러나 옷의 광택 등은 조금 줄어들 수 있습니다. 여의치 않을 때는 드라이클리닝을 맡기는 것이 방법인데요, 드라이클리닝으로 인한 유해물질을 최대한 줄이는 방법은 Chapter 4의 생활 속 유해물질 줄이기를 참고해 주세요

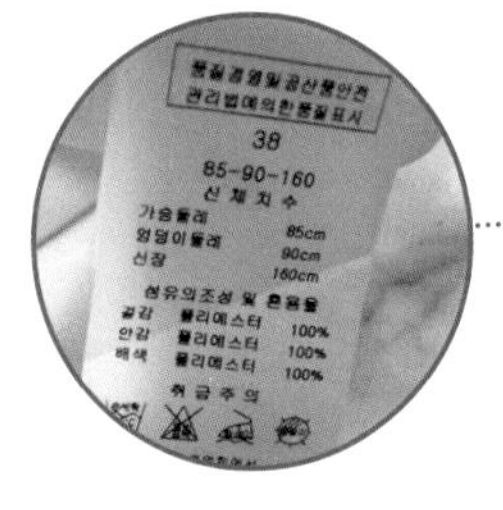

합성섬유 : 나일론, 폴리에스테르, 아크릴 산성, 알칼리성에 모두 강합니다. 그러므로 집에서 손쉽게 손빨래, 물세탁이 가능합니다.

역사가 검증한 세탁세제

essay 6

얼마 전 경향신문이 전국 성인 500명에게 생활화학제품 인식 및 사용 실태를 조사한 결과를 보았는데 매우 흥미로웠어요. 응답자들은 방향제나 탈취제를 매우 위험하다고 생각했고, 필요도도 낮다고 말했어요. 위험한 만큼 사용하지 않을 수 있다는 것이지요. 세안용품이나 샴푸, 린스 등은 매우 낮은 위험도를 가지고 있을 것이라고 생각하면서 필요도는 높다고 답했고요. 이에 비해 주방 청소세제, 세탁세제, 섬유유연제는 높은 위험도를 가지고 있을 것이라고 생각하면서도 필요도가 높다고 답했지요. 위험한 것은 알지만, 사용할 수밖에 없다는 것이에요. 저도 이전에는 이 설문조사 결과와 똑같이 생각할 때가 있었어요. 깨끗한 빨래, 깨끗한 청소를 위해서 어느 정도의 유해물질은 '감수할 수 밖에 없다'고 스스로 합리화 할 때가 있었지요. 그러니 빨래세제 레시피는 아주 신중하게 고를 수밖에 없었어요. 멋모를 때에는 가장 보편적인 레시피인 '베이킹소다+과탄산소다+구연산+코코베타인'을 섞어 넣고 만들었지요. 앞 장을 읽은 분들은 금방 깨달으셨겠지만, 정말 의미 없는 레시피가 아닐 수 없어요. 베이킹소다와 과탄산소다는 같은 탄산소다 종류로 섞는 것이 의미가 없고, 구연산은 그나마 탄산소다의 세정력마저 저하시키니까요. 게다가 코코베타인은 엄밀히 말하면 코코베타인도 아닌데다—우리나라 쇼핑몰에서 판매하는 코코베타인은 학명 coco betaine과는 상관없는 2종의 물질입니다—발암물질 논란까지 있어요. 집에 아기라도 있었다고 생각하면, 정말 아찔합니다.

공부를 조금 더 하고 나서 안전한 계면활성제 성분과 과탄산소다를 이용해 세탁세제를 만들었지요. 두근거리는 마음으로 처음 빨래를 끝내고 나서 느낀 개운함을 어떻게 설명해야 할까요? 솔직히 말하자면 그동안 사용해 온 빨래세제보다 세탁이 깨끗하게 되어서 그간 빨래에 고생했던 세월이 무색해질 지경이었어요. 간단한 레시피로 이렇게 세탁이 잘 돼도 되는 건지, 세탁세제의 진실을 찾아 한참 헤매기도 했어요. 빨래의 역사를 알고 나서 고개를 끄덕였답니다.

예로부터 우리 조상들을 '백의민족'이라고 했다죠. 조선을 방문한 영국인 이사벨라 비숍은 조선인들의 옷 색이 '눈부시게 희다'고 말했답니다. 그런데, 흰옷은 요즘도 깨끗하게 빨아 입기 힘들잖아요. 세탁기도, 표백제도, 세제도 제대로 발달하지 않은 시대에 어떻게 조상님들은 눈부시게 흰옷을 입을 수 있었을까요? 그 비밀은 바로 잿물이었다고 합니다. 불을 태우고 남은 잿물은 알칼리성을 띄어서, 여기에 빨래를 하면 옷감이 희게 변했던 것이죠.

이후 60년대까지 우리나라 주부들은 '양잿물'이라는 것을 빨래에 사용했습니다. 잿물에 서양이라는 의미의 '양'을 붙인 것으로, 가성소다(수산화나트륨 수용액, NaOH)라는 세탁비누를 의미하는 것이지요. 흔히 '양잿물을 먹으면 죽는다'고 해서 사용 자체가 해롭게 느껴지기도 하는데요, 사실 가성소다는 안전한 비누의 원료로서 천연세제로서 손색없는 물질입니다. 양잿물 빨래는 60년대까지 한국에서 계속되었지만 세탁기와 세제 기술이 발달함에 따라 편리한 기능성 세제들에 자리를 내어주게 되었어요.

그런데, 바로 이 가성소다, 왠지 익숙하지 않으신가요. Chapter2의 과탄산소다 파트를 떠올려 봅시다. 과탄산소다가 물과 반응할 때 가성소다(NaOH)를 생성한다는 사실!

그야말로 과탄산소다 빨래에는 조상들의 지혜와, 과학적 발견, 오랜 경험 속에서 검증된 기능이 보장이 되어 있답니다. 이제 위험하다고 느끼면서도 어쩔 수 없이 세탁세제를 사용하는 일은 없을 거예요. 천연 세탁세제 만들기, 지금 당장 의심 없이 시작해 봐도 되겠죠?

SHAMPOO
에프킬
주방세제
그래도 다른 건 화학제품도
장점이 하나쯤은 있는데

뭐
내가 왜
빨래세제만은 없다.
천연세제 최고 !

어딜 감히..
크흑..
HANDMADE
이 사실이 알려지면 세제회사는
다 망하는 게 아닐까?

흠냐
흠냐..
(그럴 리는 없다)

#6 김칫국

린스
샴푸

* 욕실이야기

5th story

안심 치약 만들기

코코넛 오일 치약

*

준비물 코코넛오일, 베이킹소다

–

❶ 코코넛 오일은 상온에 두거나 중탕으로 열을 살짝 가해서 액체 상태로 만들어 줍니다. 코코넛 오일과 베이킹소다를 1:1로 섞어 줍니다. 페퍼민트 에센셜오일을 몇 방울 넣어주면 개운한 향을 첨가할 수 있어요. 코코넛 오일은 항균작용을, 베이킹소다는 연마작용을 합니다. 냉장에 보관하면 살짝 굳어서 사용하기 편해요.

천연 구강청정제

*

베이킹소다를 물에 타서 입을 헹궈주면 베이킹소다가 구강 악취 냄새를 잡아주어 천연 구강 청정제 역할을 합니다.

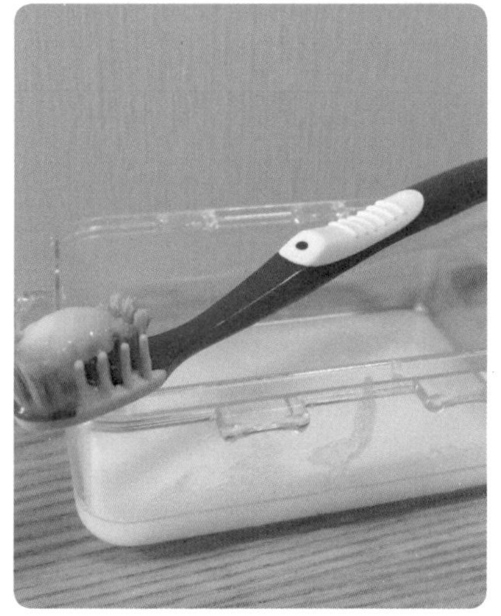

어른용 순한 계면활성제 치약 만들기

*

벌레도 죽이는 독한 치약 대신 순한 어른용 치약을 만들어 봅시다.

-

준비물 **베이킹소다, 옥수수전분, 애플워시, 자일리톨파우더, 한천, 페퍼민트나 티트리 오일**

-

❶ 연마작용을 하고 구취를 없애주는 베이킹소다 15g, 연마작용을 하고 점도를 높여주는 옥수수전분 15g, 치아건강에 좋은 자일리톨파우더 5g과 치약 제형을 위한 한천가루 2g을 모두 넣고 섞어줍니다. 거품을 내어 세정작용을 하는 애플워시도 5g 계량해서 넣어주세요.

❷ 항균에 도움을 주고 치약의 개운한 느낌을 살려주는 페퍼민트 에센셜 오일이나 티트리 오일을 다섯 방울 정도 블렌딩 해줍니다. 직접 만든 치약은 냉장보관으로 3개월 정도 사용할 수 있습니다.

유아용 치약

2

2살 이하의 아이들

*

2살 이하의 아이들은 치약을 삼킬 위험이 높으므로, 계면활성제나 불소 성분, 에센셜 오일은 생략해 주는 것이 바람직합니다.

-

준비물 **옥수수전분, 베이킹소다, 자일리톨파우더, 한천, 녹차분말**

-

❶ 전분 5g, 베이킹소다 20g, 자일리톨파우더 5g, 한천 2g, 녹차분말 1g을 넣고 섞어줍니다. 정제수를 10-15g 첨가하면서 농도를 맞춰주세요.

❷ 먹어도 완전히 무해한 치약이 완성됩니다. 농도는 보시다시피, 일반 치약보다는 묽지만 사용하기 불편함이 없을 정도에요.

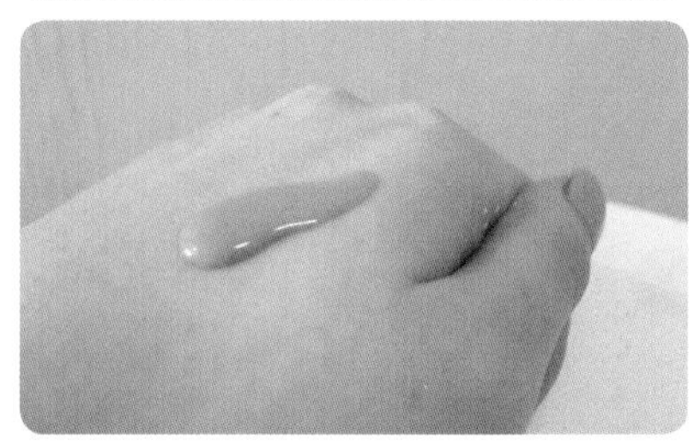

어린아이들은 양치에 익숙하지 않아 치약을 삼키는 일이 빈번합니다. 그러니 조금이라도 유해한 성분이 있으면 안 되겠죠? 정말 최소한으로 필요한 성분만을 이용해서 치약을 만들어 봅시다.

2살 이상의 아이들

*

2살 이상, 양치질에 익숙한 아이들의 치약에는 순한 계면활성제 성분을 소량 첨가하여 세정력을 높여줍니다.

-

준비물 **옥수수전분, 베이킹소다, 자일리톨파우더, 애플워시, 한천, 딸기분말, 레몬그라스 에센셜 오일**

-

❶ 먼저 모든 분말을 계량해서 섞어줍니다. 전분 5g, 베이킹소다 20g, 자일리톨파우더 5g, 한천 2g, 딸기분말 1g을 넣어주세요.
❷ 애플워시를 3g 계량하여 넣어주세요.
❸ 구취제거에 효과적인 레몬그라스 에센셜 오일을 세 방울 정도 블렌딩 해줍니다.

유아용치약 TIP&NG

TIP

❶ 한천 대신 젤라틴이나 잼탄검을 사용하면 좀 더 젤리 같은 제형이 됩니다. 그러나 건강을 생각하면 동물성인 젤라틴보다는 식물성인 한천이 좋아요.

❷ 애플워시가 들어갈 경우 치약 맛이 씁쓸해지므로 녹차가루보다는 딸기가루나 오렌지가루 등 달콤한 가루를 사용하고, 에센셜 오일도 달콤한 향으로 블렌딩 해주세요.

❸ 아이가 양치에 익숙할 경우, 상쾌함을 더해주는 페퍼민트 오일을 사용해도 좋아요.

❹ 베이킹소다 양이 늘어나면 치약이 지나치게 짠맛이 되므로 주의합시다.

NG!

코코베타인 발암물질 위험성이 있어요.

불소 사용 시 충치를 예방할 수 있지만, 납보다 강한 독성을 가지고 있는 물질이기도 합니다. 물론 치약에는 미량 함유되어 있지만 삼킬 경우 몸에 좋지 않아요. 치약을 자주 삼키는 2살 이하 어린 아이들의 경우 사용하지 않는 것이 좋습니다.

인공색소 원료를 정확히 알 수 없는 인공색소는 사용하지 않도록 합니다.

글리세린 치아에 막을 형성해서 충치를 유발할 수 있습니다.

천연 계면활성제를 이용한 샴푸 만들기

민감성 두피용 샴푸

*

이 샴푸는 민감한 두피를 가진 분들도 자극 없이 쓸 수 있어요. 그러나 머리가 긴 여성분들의 경우, 모발이 너무 뻣뻣해질 수 있으므로 린스를 꼭 사용해야 합니다.

-

준비물 라우릴 글루코사이드, 애플워시, 글리세린

-

❶ 정제수 120g에 라우릴 글루코사이드 50g과 애플워시 50g을 넣어줍니다. 히아루론산이나 글리세린 10g 정도를 넣으면 보습력을 높일 수 있습니다.

❷ 이렇게 만든 샴푸는 보시다시피 강한 염기성입니다. 구연산을 섞어서 산도를 약산성으로 맞춰줍니다. 1~2g정도를 소량의 물에 녹여서 조금씩 첨가하며 산도를 체크해 주세요. 취향에 따라 에센셜 오일도 첨가해 줍니다.

❸ 천연 방부제를 2g 첨가합니다. 유통기한은 6개월입니다.

Natural
Handmade
민감성 샴푸
Only for you

긴 머리용 저자극 샴푸

*

긴 머리용 샴푸를 위해 모발을 부드럽게 만들어주는 성분인 폴리쿼터늄을 소량 첨가할 거예요. 그런데 폴리쿼터늄은 결코 좋은 성분이라고는 할 수 없습니다. 전체 용량의 0.5~1%정도만 사용해야 하고, 민감한 두피에는 가려움증을 유발할 수 있어요. 하지만 긴 머리의 경우 이런 성분을 사용하지 않으면 모발 엉킴이나 뻣뻣함을 해결하기 힘들기 때문에 필요할 경우 소량만 사용합시다.

–

❶ 먼저 비커1에 정제수 70g과 폴리쿼터늄 0.5g을 넣고 중탕해줍니다. 처음부터 저으면서 중탕해야 폴리쿼터늄이 잘 녹는답니다. 65도 이상의 온도가 되면 폴리쿼터늄이 모두 녹고, 약간의 점성이 생겨요

❷ 비커2에는 라우실 글루코사이드와 애플워시를 각각 15g 넣습니다. 보습을 위해 글리세린을 소량 첨가해줘도 됩니다. 에센셜 오일을 넣을 분들도 이때 넣어주세요.

❸ 비커1에 2를 섞고, 구연산 1~2g으로 산도를 맞추고, 천연 방부제를 1g 첨가합니다.
❹ 따로 린스를 쓰지 않아도 모발이 부드럽고 빗질을 할 때도 엉키지 않아요. 허리까지 오는 긴 머리인데도 무리 없이 사용할 수 있었습니다.

샴푸만들기 TIP

샴푸의 계면활성제

샴푸는 성분 대부분이 계면활성제로, 어떤 계면할성제를 사용하느냐에 따라서 성능과 사용감이 결정됩니다. 실험에 의하면 자극이 큰 음이온 계면활성제보다 천연 양쪽성 계면활성제를 사용했을 때 두피의 유·수분 감소가 적었고, 사용자의 만족감 역시 천연 계면활성제가 높았다고 합니다.

폴리쿼터늄 -10

컨디셔닝 역할을 하는 폴리머의 일종입니다. 수용성 폴리머인 폴리쿼터늄-10,7,11 등은 음이온 계면활성제와 함께, 지용성 폴리머인 PolyDiMethyl Siloxane(PDMS)등은 양이온 계면활성제와 함께 사용합니다.

EM을 이용한 천연 샴푸

실험에 의하면 지성, 건성 두피 모두 EM이 함유된 천연모발제품을 사용했을 때 두피의 피지와 각질이 감소하고, 두피의 붉은 증세도 사라졌으며 막혀있던 모공도 90% 이상 열렸다고 합니다. 앞의 샴푸 만들기 레시피에서 정제수를 같은 분량의 EM 활성액으로 대체하면 EM 샴푸가 됩니다.

노케미와 타협하기

사과를 먹을 때 껍질째 먹게 되면 미세한 농약 잔여물을 먹을 수도 있지만, 그것 때문에 껍질을 벗겨내고 먹으면 껍질에 있는 영양소를 버리게 되어 더 큰 손실이라고도 해요. 껍질에 남아 있을 농약 때문에 사과 영양을 포기할 것이냐, 아니면 사과 영양을 포기하더라도 소량의 농약을 차단할 것인가, 이렇게 꼭 차악을 골라야만 하는 순간이 노케미 생활에도 있습니다.

시계보다 시간을 잘 지켰다는 남자, 칸트의 이야기를 모두 아실 거예요. 칸트가 주는 교훈은 계획적인 삶의 미덕을 보여주는 전설처럼 내려오지만, 곰곰 생각해 보면 그게 모든 이들에게 통용되는 '진리'는 아닐 거라는 생각이 들어요. 술 한 모금 마시지 않고, 1분의 오차도 없이 삶을 사느라 스트레스를 받는 것 보다, 몸에 나쁜 술 한 잔 하고 시간을 여유롭게 쓰더라도 스트레스 없는 삶이 더 좋을 수 있지요. 임신 중에도 원칙을 지키며 스트레스 받느니 조금은 마음 가는 대로 하는 게 아기에게 더 좋은 것처럼 말이에요.

천연세제 만들기도 마찬가지예요. 최대한 의심하고, 검증되지 않으면 쓰지 않는다는 게 기본 원칙이지만 여기에 스트레스를 받다 보면 일상생활을 할 수가 없어요. 혹자는 그렇게 주방세제가 신경 쓰이면 식당 밥은 어떻게 먹냐 물을 지도 몰라요. 이전까지 아무렇지 않았던 카페 화장실의 손 소독제 꽃향기가 너무 진하게 느껴지고, 사무실에서 쓴 물티슈가 못내 찝찝하고, 음식점 컵은 제대로 씻은 걸까 궁금해지기도 하지만, '화학물질의 시대'에 사는 이상 나의 의지로 통제할 수 없는 상황에 놓이게 됩니다.

또한 각 개인마다 도저히 포기할 수 없는 무엇 하나쯤은 있지요. 예를 들면 화장품도 최대한 첨가물 없는 것을 만들어 쓰려고 하지만, 선크림만은 만들 수 없으니 기성제품을 사서 써야 하죠. 그 안에 좋지 않은 첨가물들이 많이 들었겠지만 한여름 정오의 햇살에 노출되어 피부암 위험이 높아지는 것보다 선크림 사용하는 게 더 나을지도 모르죠.

샴푸 역시 같은 상황입니다. 샴푸 사용을 전적으로 거부하며 노푸 생활을 하는 분들도 있습니다. 그러나 지성두피의 경우 오히려 모공이 막혀 탈모가 일어날 수도 있지요. 천연 샴푸를 안전한 계면활성제 성분으로만 만들 경우, 성분은 좋지만 저처럼 머리가 긴 여성분들은 빗자루 같은 머릿결에 금세 기겁하게 됩니다. 결국 저는 샴푸에 폴리쿼터늄을 소량 사용할 수밖에 없었어요. 저는 허리까지 오는 긴 머리를 가지고 있거든요. 어쩔 수 없이 폴리쿼터늄을 첨가하자 머릿결이 찰랑찰랑 부드러워졌습니다. 아마 그러지 않았다면, 저는 정말 천연 샴푸만은 포기했을지도 몰라요!

여러분은 어떤가요? 사과를 껍질째 드시겠어요, 깎아내고 드시겠어요? 양쪽 모두의 장단점과 위험성만 잘 알고 있다면, 저는 모든 선택을 존중할래요. 우리는 가능한 선에서 최선을 다하자구요.

허브를 이용한 린스 만들기

*

여성분들이 욕실에서 화학제품을 가장 많이 쓰는 부위는? 아마 머리카락일 거예요. 찰랑찰랑한 머릿결을 만들기 위해 린스, 트리트먼트, 헤어팩, 에센스, 헤어로션 등의 용품을 아낌없이 쓰게 돼요. 부드러운 머릿결을 위한 린스도 허브를 이용하여 쉽게 만들 수 있답니다.

–

준비물 **허브, 식초**

–

❶ 먼저 허브를 깨끗이 씻은 후, 유리병에 허브를 넣고, 잠길 정도로 백식초를 가득 부어주세요. 이대로 한 달 정도 숙성시키면 식초의 신 냄새가 사라지고, 허브 냄새가 은은하게 납니다.

❷ 샴푸 후, 세숫대야에 물을 받아 허브식초를 5~10방울 정도 풀어서 머리카락을 헹궈내면 됩니다. 혹은, 희석한 허브식초를 분무기에 넣어 샴푸 이후 머리카락에 뿌리고 잘 헹궈주세요. 상온에서 6개월 정도 사용 가능합니다.

천연 핸드워시 만들기

5

*

핸드워시는 대부분 "항균"마크가 붙어 있는데요. 트리클로산 등 유해성 논란이 있는 물질이 포함되었을 확률이 높습니다. 손을 깨끗하게 하려고 핸드워시로 거품을 냈는데, 이 핸드워시 잔여물이 손에 남는 게 찝찝해지더라고요. 순한 계면활성제 성분인 애플워시로 핸드워시를 만들어 봅시다.

-

준비물 **애플워시, 글리세린, 에센셜오일, 정제수**

-

❶ 정제수 50g에 애플워시 50g을 넣어줍니다. 보습을 위해 글리세린이나 히아루론산을 1-2g정도 넣어주세요.

❷ 에센셜 오일 10방울 정도를 첨가하면 기분 좋은 향을 더할 수 있어요. 한 달 이상 사용할 예정인 경우, 천연 방부제를 1g 첨가합니다.

❸ 이렇게 만든 핸드워시는 물 같은 제형으로 거품이 잘 나지 않는 것이 특징입니다. 거품 용기에 넣으면 편하게 사용할 수 있어요. 유통기한은 3개월입니다.

다양한 천연 입욕제

6

아로마 오일

*

평소 좋아하는 아로마 오일을 10방울 정도 목욕물에 떨어트려 주면 근육 이완과 정서적 안정감에 도움이 됩니다. 따로 가용화제를 사용하지 않는 대신, 잘 섞일 수 있도록 목욕물을 충분히 저어주세요.

녹차

*

녹차 티백 다섯 개 정도를 따뜻한 목욕물에 우려냅니다.

녹차 역시 폴리페놀이 다량 함유된 식품입니다. 녹차추출물은 자외선에 의한 피부 손상을 억제하고 노화를 늦춘다고 알려져 있습니다. 또 녹차에는 항염증 효과가 있어서, 피부의 유해한 물질들을 제거하고 면역력을 높여줍니다.

참고 • 녹차추출물 성분(catechin)이 자외선에 의해 손상된 피부에 미치는 영향, 『한국식품위생안전성학회지 16권』, 이은희외(2001) • 녹차 polyphenol 성분에 의한 피부 광노화 억제 효과, 『국제녹차심포지움 4권』, 양규환(1997)

많은 입욕제들에는 피부를 자극하는 화학물질이 들어있습니다. 안전한 물질들로 만들었다고 하더라도, 대부분의 입욕제는 염기성을 띄고 있어요. 문제는 여성분들의 경우 염기성 입욕제에 몸을 담그면 산성을 유지해야 하는 질 부위 pH밸런스가 깨져 질염이 발생하는 등의 부작용이 생길 수 있어요. 대부분의 입욕제는 피부미용보다 정서적 효과가 더 크므로, 화학적인 입욕제보다는 주변의 천연 물질들을 이용해서 목욕을 즐기도록 합시다.

우유

*

건조한 피부의 경우 우유 500g 정도를 넣은 목욕물에 목욕하면 피부가 촉촉해져요.
이집트의 여왕 클레오파트라는 젊은 피부를 위해 우유목욕을 즐겨 했다고 해요. 국내의 모 유명 여배우 역시 얼마 전 피부관리 비결을 우유 세안이라고 말해 화제가 되었죠. 우유 속 젖산성분은 피부 각질을 제거해주고, 콜라겐 성분이 탄력을 더해줍니다. 단, 지성 피부나 여드름성 피부의 경우에는 트러블을 일으킬 수 있으므로 피해주세요.

와인

*

와인 등 술에 포함된 알코올 성분은 피부에 남은 때를 제거하는 데에 도움이 됩니다.
레드와인에는 비타민, 미네랄뿐만 아니라 폴리페놀 성분이 많이 포함되어 있습니다. 폴리페놀 성분은 세포 손상을 막아 노화를 막는 항산화 역할을 합니다. 피부실험 결과에 따르면 와인에 포함되어 있는 이 성분들이 피부 탄력 증가, 홍반 감소 등에 좋은 효과를 보였다고 합니다.

유아 목욕용 바쓰붐 만들기

*

보글보글한 거품으로 유아 목욕을 더 즐겁게 도와주는 바쓰붐입니다. 녹차 분말을 넣어서 피부 진정에도 효과가 있지요.

-

준비물 **베이킹소다, 구연산, 옥수수전분, 애플워시, 녹차분말, 정제수**

-

❶ 그릇에 베이킹소다 100g, 구연산 50g, 옥수수전분 50g, 애플워시 10g, 녹차분말 소량을 전부 넣고 섞어줍니다.

❷ 정제수를 스프레이에 담아 조금씩 뿌려주세요. 살살 반죽하며 뭉쳐줍니다. 하루 정도 말리면 사용 가능합니다.

TIP 비누용 몰드를 사용하면 더 예쁜 모양으로 만들 수 있어요. 녹차분말 대신 백년초분말 등의 천연분말, 혹은 에센셜 오일을 소량 첨가해 주어도 좋습니다.

-

NG! 풍성한 거품을 위해 계면활성제 성분을 사용하는 경우 목욕물은 10분 이상 온몸을 담그게 되므로 해로운 성분이 그대로 아이에게 전해져 민감한 아기 피부에 자극적일 수 있습니다.

칫솔 소독하기

8

소금으로 소독하기

*

칫솔은 물에 젖은 채 방치되다 보니 세균이 번식하기 쉬워요. 굵은소금을 이용하면 칫솔을 소독할 수 있습니다. 소금물을 끓여 칫솔모 부분을 담가주세요. 너무 뜨거우면 칫솔이 변형될 수 있으므로 주의합니다.

음..
그렇군
비율
1:1
베이킹소다와 물을
1:1로 섞어주세요

대충~
대충~
촤르르
쏴아아ㅡ
이제는 쉽다 쉬워~

앙
대충 넣고 만들면

짜악
엄청 짜다!
(꼭 비율을 맞춥시다)

#7 치약 만들기

* 화장품 이야기

6th story

화장품을 처음 만들다

essay 8

꽤 오래 전 시작된 미니멀리즘 열풍이 아직까지 가시지 않고 있어요. 인테리어에서도 버리는 것이 유행이라고 하지요. 심지어 여성들 속옷도 레이스 한 장짜리 브라렛이 대세입니다. 일명 '킨포크 스타일'의 심플하고 가벼운 친환경적 삶이 새로운 생활양식으로 자리 잡은 것이죠. 필요 없는 첨가물들을 덜어내면 삶이 좀 더 가벼워집니다. 머리가 맑아지고 편안해지거든요.

이런 미니멀리즘 열풍은 노케미 생활 중에서도 화장품에 꼭 맞게 적용됩니다. '화장품 다이어트'라는 단어가 통용되듯 말이예요. 스킨, 로션, 크림, 앰플, 트러블스팟, 마스크팩, 수면팩, 끊임없이 이어지는 기능성 화장품 대신 '최소한'의 화장품만 바르는 방법이지요. '피부에 좋다'는 것을 죄다 줄였는데, 어쩐지 갑갑했던 피부가 이제야 숨 쉬는 느낌이 들어요.

화학제품에 짓눌려 고통받는 게 어디 호흡기 뿐일까요. 현대인치고 피부 문제없는 사람 없다고들 합니다. 원어로 '이상함'이라는 뜻이라는 아토피는 이제 주변에서 목격하는 게 딱히 이상하지도 않은 질병이 되었어요. 저도 예외 없이 예민한 피부를 가지고 있었습니다. 어릴 적엔 아토피를 심하게 앓았고, 성인이 되어 아토피는 나았지만 이미 오래 앓은 피부는 예민해진 탓에 접촉성 피부염과 습진이 끊이질 않았어요. 한 여름 푹푹 찌는 40도의 날씨에도 꼭꼭 스타킹을 챙겨 입고 나가는 심정을 상상해 본 적 있는지. 지하철 의자, 카페 의자에 맨 허벅지가 닿으면 찝찝함은 둘째 치고 혹시나 또 예민한 피부가 무엇과 반응해서 피부염을 일으킬지 알 수가 없어요. 습진도 마찬가지입니다. 조금만 땀을 흘려도 피부가 금방 무릅니다. 의사선생님은 고개를 갸웃하며 오래 험한 여행이라도 떠난 거냐고 물었답니다.

피부를 걱정하며 이것저것 찍어 바르는 저에게, 일전에 알고 지내던 보건학 교수님은 꽤 열을 올리며 피부의 조직구조를 설명하곤 했습니다. "네가 아무리 크림을 열심히 발라도 그게 진피 밑까지 침투하겠니?" 카랑카랑한 목소리가 머릿속에 생생합니다. 크림이 피부 속까지 들어가는 거면 이 세상의 먼지들과 이물질들도 다 들어가지 않겠냐며,

몇 십만 원짜리 크림에 돈 낭비하지 말고 보습과 식이에 신경쓰라는 게 그녀의 결론이었어요.

그러니 첨가물을 최대한 줄인 화장품 만들기는 참 시급했을 수 밖에 없지요. 먼저 그동안 자주 사용했던 순한 바디워시의 성분표를 확인했습니다. 대충 성분을 보니 만들 수 있을 것 같은 조합이었어요. 오일류는 평소 마사지할 때 자주 사용하던 코코넛 오일 위주로 만들기로 결정했습니다.

처음 로션을 만들어 바르던 날은, 괜히 이런 걸 얼굴에 발랐다가 트러블이라도 일어나면 어쩌지 고민이 많았습니다. 그런데 몇 번 발라보고 나니 이내 걱정은 기우였음이 어렵지 않게 드러납니다. 알 수 없는 '이런 거'는 제가 직접 만들어 성분을 속속 아는 이 로션이 아니라, 어려운 라벨로 표시된 시중 로션일지도 모른다는 생각이 들었어요.

그러고 보면 화려한 금테를 두른 백화점의 화장품만큼이나 정성스레 모은 쌀뜨물로 세수하고 직접 오이를 갈고 짜 만든 스킨을 바르는 것도 소중하고 귀해요. 피부는 겹겹이 쌓인 기능성 화장품 대신 쌀뜨물 속에서 숨을 쉬어요. 지금껏 천연 화장품을 만들어 써보고 느낀 결론은, 이거야말로 한 번도 안 쓴 사람은 있어도 한 번만 쓴 사람은 없다는 확신이었습니다. 이 가볍고 깨끗한 느낌, 텁텁한 도시 공기 속에서 문득 시원한 숲 속으로 걸어 들어온 듯한 이 느낌을 알게 되면 작은 귀찮음 쯤은 기꺼이 감수하게 됩니다.

예민한 성인 여성보다 더 여리고 민감한 피부를 지닌 어린아이들은 말할 것도 없겠죠. 불필요한 물질들을 다 덜어내고 나면 너무 간단한 레시피에 어쩐지 허전한 느낌, 무언가 불완전한 느낌이 들기도 해요. 그래서인지 많은 분들이 탄력에 좋은 성분이니 주름에 좋은 성분이니 하는 것들을 하나둘씩 더하게 됩니다. 그러나 보건학 교수님 말마따나, 피부 위는 가볍게, 몸 속은 깨끗하게 유지하는 간단한 방법이 복잡한 첨가물 조합보다 유익할지도 모릅니다.

오이로 만드는 천연 스킨

*

준비물 오이, 거즈, 글리세린, 정제수

-

❶ 먼저 오이 한 개를 썰어서 믹서나 강판에 갈아줍니다. 믹서기에 갈 때는 정제수를 조금 넣어 주어야 쉽게 갈려요.
❷ 거즈를 이용해서 즙만 걸러주세요.
❸ 여기에 정제수 60g과 보습력을 더해주는 글리세린 1티스푼을 섞어줍니다.

주의 냉장 보관해야 하고, 일주일 내로 다 쓰는 것이 좋습니다. 만드는 데에 10분도 걸리지 않을 정도로 간단하므로, 주말마다 조금씩 만들어 주면 좋겠죠?

1

COSMETIC

레몬 미백 스킨 만들기

*

준비물 레몬, 에탄올, 글리세린, 정제수

-

❶ 레몬 스킨을 만들기 위해 먼저 레몬팅처를 만들어 줄 거예요. 레몬을 베이킹소다로 잘 씻어 얇게 썰어줍니다. 씨는 모두 제거해 주세요.

❷ 유리병에 자른 레몬을 넣고 에탄올을 잠길 정도로 넣어줍니다.

❸ 햇빛을 보지 않도록 검은 봉투에 넣어 한 달 정도 지나면 레몬팅처가 됩니다.

❹ 레몬팅처 100g에 정제수 50g, 글리세린 3g을 넣어 섞어줍니다. 일주일 이상 사용할 예정일 경우 천연 보존제를 1g 첨가해 주세요.

주의 직사광선을 피해 보관하고, 밤에 사용해야 효과를 볼 수 있어요.

-

응용 스킨은 정제수+소량의 글리세린이 기본 베이스입니다. 이것을 응용하면 원하는 스킨을 취향껏 만들 수 있어요. 예를 들면, 홍차나 녹차를 우려내어 정제수와 섞어 사용하면 홍차 스킨, 녹차 스킨이 되고, 글리세린에 라벤더 오일을 섞으면 라벤더 스킨이 되는 식이지요.

Cosmetics to deliver a beauty for
레몬스킨
7.14
Handmade
·100% Natural·

코코넛오일 로션 만들기

*

준비물 코코넛오일, 올리브유화왁스, 글리세린, 정제수

-

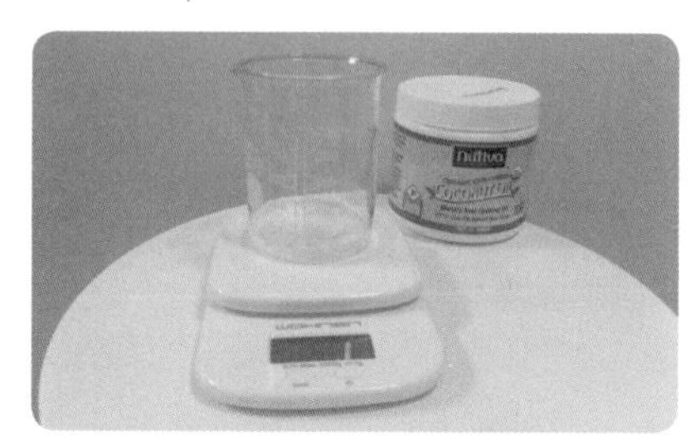

❶ 비커1에 오일 15g과 올리브유화왁스 3g을 넣고, 비커2에는 정제수 60g을 넣어준 후 각각 중탕합니다. 이때, 반드시 두 병의 온도를 체크해야 해요. 두 비커 모두 온도가 60도 이상이며, 서로 5도 이상 차이나지 않아야 서로 섞을 수 있습니다.

❷ 적정한 온도가 되었으면 비커1에 비커2의 정제수를 절반 넣고 핸드믹서로 섞어줍니다. 잘 섞은 후 나머지 절반도 섞어주세요.

❸ 여기에 글리세린을 3g 정도 추가해서 보습력을 높여주세요. 방부제 역할을 할 수 있는 비타민 E 등 첨가물도 넣어줍니다. 식으면 적절한 로션 점도가 된 것을 확인할 수 있어요.

❹ 냉장보관을 하면 약 6개월 정도 사용할 수 있어요.

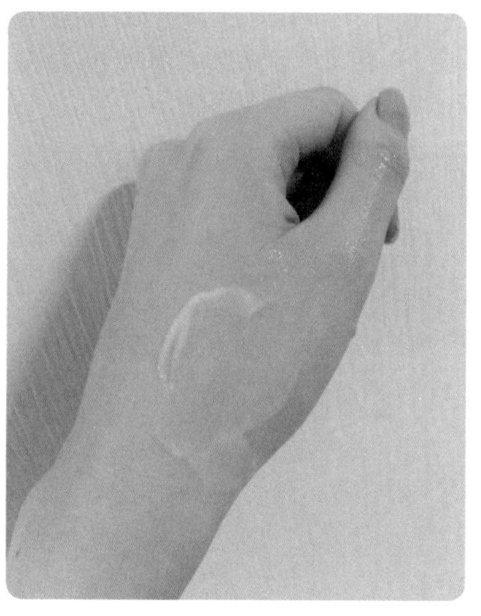

TIP 오일류는 취향에 따라서 코코넛오일 이외에 엑스트라버진 올리브유나 호호바오일 등을 사용할 수 있습니다.

Cosmetics to deliver a beauty for you.
코코넛오일 로션
Handmade
·100% Natural·

쌀뜨물 팩

*

예로부터 쌀뜨물에는 비타민, 전분이 풍부하여 피부를 맑게 만드는 미백 효과가 있고 수분을 보충해주는 보습 효과가 뛰어나다고 알려져 있지요.

-

처음 씻은 쌀뜨물은 불순물이 섞여 있을 수 있으므로, 세 번째 쌀뜨물을 이용합니다. 용기에 넣고 냉장고에 6시간 정도 두면 쌀뜨물이 두 층으로 분리됩니다.
위 층은 물, 아래층은 가루가 가라앉아 덩어리로 뭉쳐있는 상태에요. 물은 버리고 아래 덩어리에 꿀을 한 스푼 섞어서 팩으로 사용합니다.

올인원 클렌저 만들기

*

바디워시로도, 얼굴 세정제로도 사용할 수 있는 올인원 클렌저입니다. 물비누 성분을 이용해 자극이 적어서 어린아이도 사용할 수 있어요.

-

준비물 정제수, 포타슘 코코에이트 혹은 포타슘 올리베이트, 글리세린, 구연산, 오일, 에센셜 오일

-

❶ 비커에 정제수 50g과 포타슘코코에이트 40g, 글리세린 5g을 넣고 섞어줍니다. 약알칼리성의 클렌저가 만들어졌어요.

❷ 산도를 약산성으로 맞춰주어야 순하게 사용할 수 있겠죠? 구연산수를 조금씩 섞어 가면서 산도를 중성~약산성으로 맞춰주세요.

❸ 취향에 따라 에센셜 오일을 블렌딩합니다. 한 달 이상 사용할 경우 천연 보존제를 1g 첨가합니다.

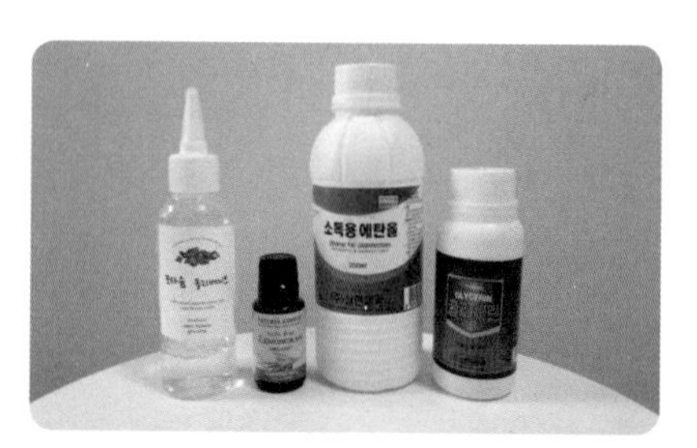

All-in-One
Cleanser
Handmade
100% Natural

천연 바디 스크럽

커피가루 꿀 스크럽

*

커피가루 두 스푼에 꿀 한 스푼을 넣고 섞어 줍니다. 글리세린이나 평소 사용하는 에센스를 티스푼 정도 살짝 첨가하면 보습효과를 더할 수 있습니다.

바르고 10~15분 정도 두었다가 문지르듯 씻어내면 됩니다. 커피 찌꺼기가 각질을 제거해주어 매끈해지고, 꿀과 글리세린 덕분에 촉촉해져요.

커피 찌꺼기는 물에 녹지 않기 때문에, 그대로 하수구에 흘려내려 보낼 경우 하수구가 막힐 위험이 있습니다. 욕실 배수구에 배수망이나 스타킹을 씌워 두면, 머리카락을 청소하기도 편하고 커피 찌꺼기도 걸러지므로 아주 편해요.

주의 입자가 크고 거칠기 때문에 얼굴 피부 스크럽용으로는 적합하지 않아요. 얼굴에 거즈를 덮고, 그 위에 커피 스크럽을 올려 팩처럼 사용할 수는 있습니다.

흑설탕 스크럽

*

유리병에 설탕을 100g 부어줍니다. 설탕과 1:1비율로 청주를 부어주세요. 이때 설탕과 청주를 섞으면 안 됩니다.
이 상태로 이틀 정도 두면 위는 청주, 아래는 설탕으로 분리됩니다. 설탕층을 한 스푼 씩 떠서 마사지하듯 얼굴에 발라주세요.

주의 흑설탕 역시 얼굴에 사용하기에는 입자가 큰 편입니다. 그러나 설탕은 물에 용해되므로, 얼굴에 올려뒀다가 물로 조금씩 녹이면서 스크럽하면 사용할 수 있어요. 그래도 민감성 피부에는 큰 자극이 될 수 있습니다. 또한 더운 여름, 혹은 가전 옆처럼 너무 뜨거운 곳에 보관하는 경우 설탕이 그냥 녹아버릴 수 있으니 주의합시다.

설탕으로 만든 천연 제모제

*

털을 녹이는 화학적 제모제는 피부에 매우 자극적입니다. 설탕만 있으면 누구나 쉽게 슈가왁스를 만들어서 셀프 왁싱을 시도할 수 있습니다.

-

❶ 설탕 4 : 물 1 : 레몬즙 1 의 비율로 냄비에 넣고 끓여줍니다. 중불로 맞춰놓고 계속해서 저어줍니다. 설탕이 타기 쉬우므로 주의 깊게 살펴봐야 합니다. 식으면 굳어지므로 살짝 묽다 싶은 농도에서 불을 꺼주세요. 끓인 설탕은 매우! 뜨거워서 화상을 입을 수도 있습니다. 충분히 식혀주세요. 바르기 전에도 온도가 적당한지 체크해 줍니다.

❷ 이렇게 만든 제모제는 온도를 확인한 뒤, 반드시 털이 난 방향으로 발라주세요. 그 위에 천을 붙여줍니다. 이후 털이 난 반대 방향으로 뜯으면 깨끗하게 왁싱이 된 것을 확인할 수 있어요. 남은 제모제는 유리병에 넣은 뒤 굳혀서 보관합니다. 전자레인지에 살짝 녹여 사용해 주세요.

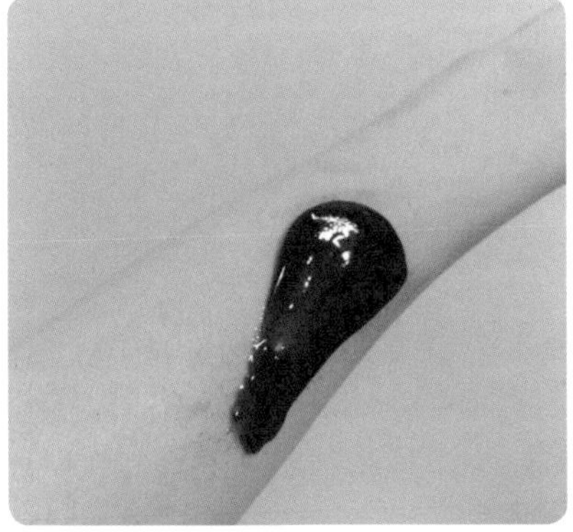

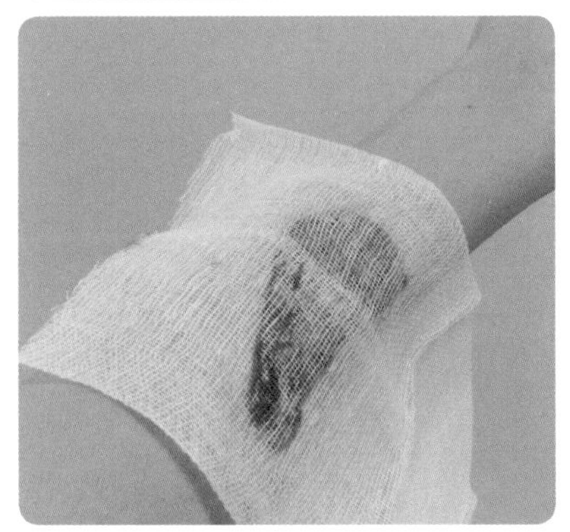

천연 클렌징오일

기름 세안법

*

❶ 오일류 특성상 딥클렌징에 적합하므로 순식물성 콩기름 대신 코코넛오일을 사용해도 됩니다. 코코넛 오일은 피부진정 효과가 있어 민감성 피부에도 일상적으로 바를 수 있는 오일이니만큼, 클렌징으로 사용하기도 안전합니다. 이외에 엑스트라 버진 올리브유나 살구씨유, 콩기름 오일을 클렌징 오일 대신 사용할 수 있습니다. 오일 1 큰술을 얼굴에 골고루 펴 바릅니다. 구석구석 클렌징 할 수 있도록 마사지하듯 문질러줍니다. 이때, 너무 오래 문지르면 피부 자극이 될 수 있으니 1분 내외로만 마사지합시다. 이후 부드러운 티슈나 타월에 물을 묻혀 기름을 닦아줍니다. 2차 세안을 할 것이기 때문에 너무 세게 문지르지 않도록 해주세요.

❷ 피부에 남은 미끄러운 오일감은 클렌징폼이나 밀가루 풀 세안을 통해 깨끗하게 헹궈주세요. 기름 세안법은 따로 계량하거나 만들 필요가 없기 때문에 간편하고, 시중 클렌징 오일보다 저렴하다는 장점이 있어요. 또 계면활성제가 없는 클렌징이라서 자극이 적지요. 단점은 세면대가 미끄러워 진다는 것, 그리고 1차 세안 이후 반드시 2차 세안을 꼼꼼하게 해 줘야 한다는 것이에요.

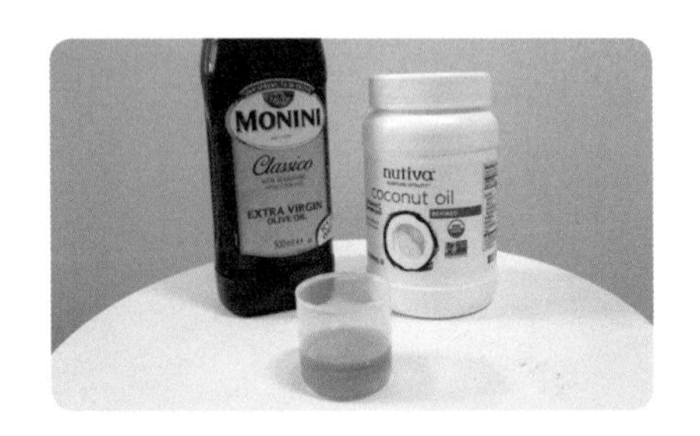

주의 좀 더 편안한 사용감을 위해 유화제(계면활성제) 성분인 올리브 리퀴드(olive oil peg-7 esters), 올리브 계면활성제(Sodium PEG-7 Olive oil Carboxylate) 혹은 솔르빌라이저(polysorbate-80)를 소량 첨가하기도 합니다. 그러나 올리브 리퀴드나 솔르빌라이저는 PEG 계면활성제로 절대 천연 물질이라고 할 수 없는데다 솔르빌라이저의 경우 유해성 등급도 높은 편입니다. 다만 물과 기름이 잘 섞이도록 돕기 때문에 세안 시 끈적한 느낌이 덜하여 오일 단독으로 사용하는 것보다 사용감이 편해요. 오일 특유의 느낌이 적응되지 않을 때까지 잠시 이런 유화제 성분을 사용하더라도, 장기적으로는 점차 오일 단독으로 사용하는 것이 바람직합니다.

❸ 메이크업 클렌징이 얼마나 잘 되는지 테스트하기 위해 손등에 파운데이션, 블러셔, 아이라이너, 립스틱을 바른 후 한 시간 정도 두었어요. 올리브유를 먼저 살짝 발라서 평소 클렌징하는 세기로 살짝 롤링해주었어요. 메이크업이 순식간에 녹기 시작합니다. 1분 정도 롤링하고 화장솜에 물을 묻혀 닦아낸 모습이에요. 파운데이션, 블러셔는 흔적 없이 지워졌고, 리퀴드형 아이라이너와 립스틱은 잔여물이 조금 남아 있습니다. 여기서 클렌징 폼까지 사용하고 나니 색조도 깨끗하게 지워졌습니다.

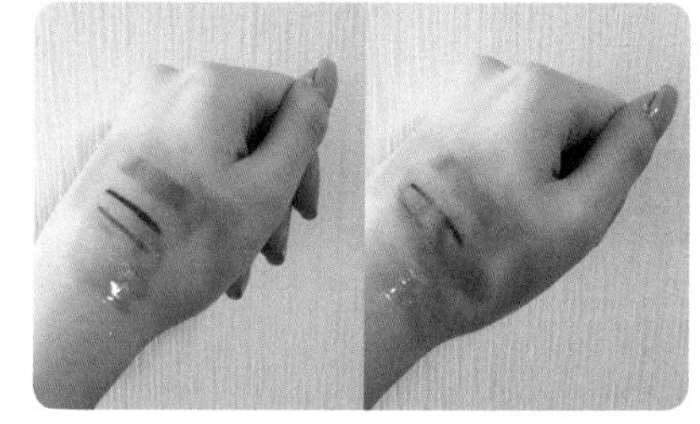

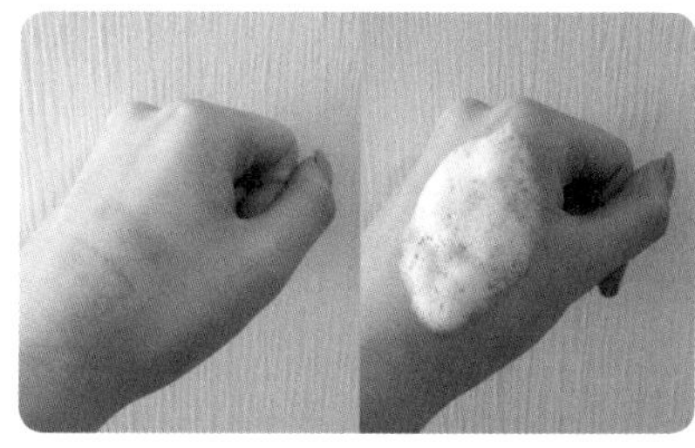

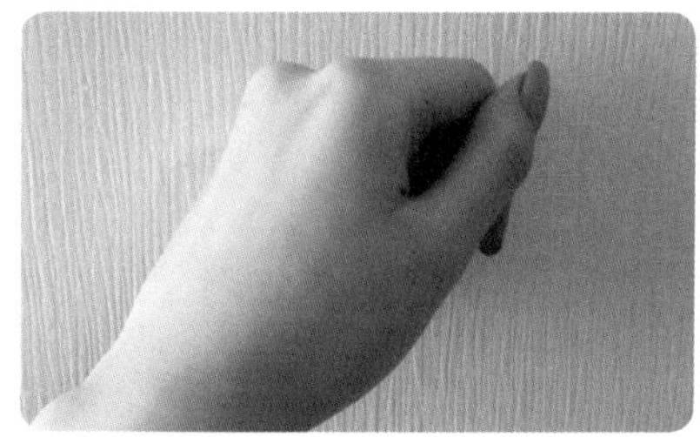

천연 클렌징 폼

밀가루 풀 세안법

*

❶ 물 500g에 밀가루 50g을 섞어줍니다.
❷ 냄비에 밀가루 물을 붓고, 중~약불에서 10분 정도 저으면서 끓여줍니다. 살짝 점성이 있는 농도가 돼요. 완성된 밀가루 풀 세안제는 꼭 식혀서 사용합니다. 냉장보관하고, 3일 정도 사용할 수 있어요.
❸ 밀가루 풀로 세안을 하면 일반 클렌징제품으로 세안하는 것보다 피부 수분을 덜 뺏기게 됩니다. 저는 피부가 많이 건조한 편이라서 세안을 마치면 바로 로션을 발라줘야 하는데, 밀가루 세안제로 세안을 하면 세안 직후 피부 속 당김이 확실히 덜하다는 것을 느낄 수 있어요.

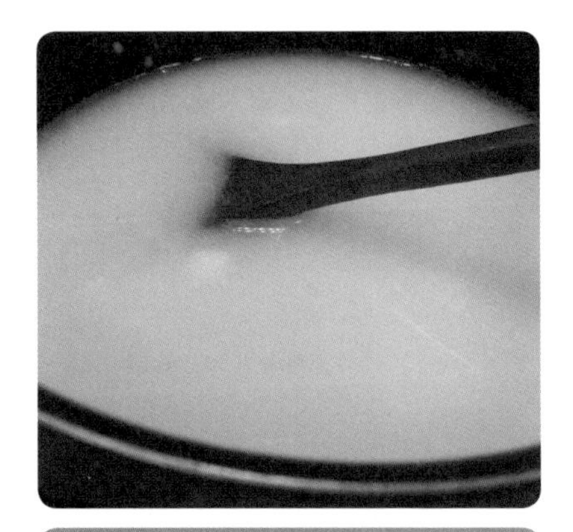

주의 하수구가 막힐 수 있으므로 세수 후 찬물을 뿌려주거나, 세안을 찬물로 해 주세요. 냉장보관해야 하고 유통기한이 3일 정도로 짧은 편이므로 혼자 사용할 경우 소량씩만 만들어 사용합시다. 당연히 유기농 밀가루를 사용해야 피부 건강에 좋겠죠?

베이킹소다 세안

*

간단하게 세안할 때는 대야에 물을 받고, 베이킹소다 한 스푼을 물에 풀어서 세안하거나 클렌징폼에 섞어서 세안하면 됩니다. 베이킹소다의 작고 부드러운 결정들로 피지와 각질을 제거하는 스크럽 효과와 함께 뛰어난 보습 효과를 볼 수 있습니다. 스크럽은 피부에 자극이 될 수 있으니 주 2회 내외로만 사용하도록 합시다.

–

천연 클렌징 폼

EM 클렌징 폼 만들기

*

준비물 EM 발효액 50g, 애플워시 50g, 글리세린 5g

-

❶ EM 발효액 50g에 애플워시 50g을 섞어 줍니다. 보습을 위해 글리세린 3~5g정도를 넣어주세요. 한 달 이상 사용할 경우 천연 보존제도 1g 첨가합니다.

❷ 이렇게 만든 클렌징폼은 핸드워시로 사용할 수도 있어요. EM으로 화장품을 만들었을 경우 피부 개선 기능을 기대할 수 있습니다. EM이 함유된 비누를 사용했을 때 모공 노폐물이 줄어들고 주름이 개선된다는 연구 결과도 있지요. 특히 여드름이나 아토피 피부의 경우 유용미생물의 항산화작용과 항염 작용이 문제성 피부를 진정시키는 데 도움을 줘요.

For you

천연 데오드란트, 탈취제

10

베이킹소다 이용

*

베이킹소다 가루를 물에 풀어 겨드랑이나 발에 살짝 묻혀주면 소다가 체취를 중화하여 제거해줍니다. 가루를 양말 안쪽에 뿌리고 신발을 신으면 흡습성 덕분에 여름에도 보송보송한 발을 유지할 수 있어요. 여름에 냄새를 예방하려고 데오드란트 등 화학제품을 사용하다가는 흰옷이 변색되기 쉬운데요, 베이킹소다는 이런 문제도 없고 몸에도 안전하다는 장점이 있어요.

–

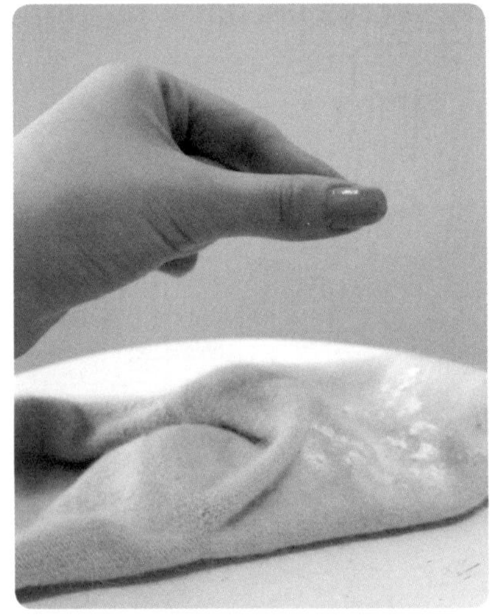

탈크프리 천연 베이비파우더 만들기

11

*

시중 베이비파우더에 들어있는 탈크성분은 일종의 석면성분으로, 폐에 축적되어 아기에게 해로워요. 옥수수전분은 본래 파우더 만들기에 쓰이는 성분입니다. 직접 전분을 사다 베이비파우더를 만들면 첨가물 없이 안전하게 사용할 수 있지요.

-

준비물 **옥수수전분, 라벤더 오일**

-

❶ 옥수수전분 40g에 라벤더 오일 한 방울을 넣고 잘 섞어줍니다.

❷ 체에 3~5번 거른 후 용기에 담고, 퍼프를 이용해 사용합니다.

아토피에 좋은 올리브 베이비로션 만들기

*

민감성 피부를 지닌 아이들, 아토피 피부를 지닌 아이들도 사용할 수 있는 올리브 베이비로션입니다.

-

준비물 **엑스트라 버진 올리브오일, 올리브유화왁스, 정제수, 글리세린**

-

❶ 비커 두 개를 준비합니다. 비커1에는 올리브오일 10g과 올리브유화왁스 2g을 넣고, 비커2에는 정제수 35g을 넣어주세요.

❷ 두 비커의 온도가 모두 60도 이상이며, 서로 5도 이상 차이 나지 않을 때까지 중탕해줍니다.

❸ 적당한 온도가 되었으면 비커1에 비커2의 정제수를 절반 넣고 섞다가, 전부 넣고 핸드 믹서로 섞어주세요.

❹ 글리세린을 2g 정도 추가해서 보습력을 높여줍니다. 비타민 E 등 방부제 역할을 할 수 있는 첨가물을 넣으면 냉장보관 시 6개월 정도 사용할 수 있어요.

Cosmetics to deliver a beauty for you
올리브 로션
Handmade
·100% Natural·

천연 재료로 아기 땀띠 홈 케어하기

알로에 바디미스트 만들기

*

준비물 알로에, 글리세린, 정제수

-

❶ 알로에 가시에는 독이 있으므로 잘라내고 속만 사용합니다.

❷ 알로에를 믹서에 넣고 갈아주세요.

❸ 간 속을 중탕으로 20분 정도 끓인 후, 거즈나 체를 이용해서 거품을 걸러주면 이런 연분홍빛 액체가 돼요. 정제수 30g에 알로에 10g, 글리세린 3g을 넣고 섞어줍니다.

TIP • 감자즙 감자는 피부를 진정시키고 열을 식히는 데에 효과적입니다. 감자칼로 얇게 썰어 붙이거나, 강판에 감자를 간 후 환부에 올려주세요.

• 오이 감자칼로 오이를 얇게 썰어서 환부에 붙여주세요.

• 베이킹소다 샤워 후 대야에 베이킹소다를 한 스푼 정도 넣어 땀띠 난 아이를 씻겨줍니다.

• 녹차 티백 녹차에는 항염증 효과가 있어서 피부 진정에 도움이 됩니다.

-

NG! 이미 땀띠가 난 후 환부에 과다하게 바를 경우 오히려 땀샘을 막아 증상을 더 악화시키므로 주의합시다.

땀샘이 막히면 피부가 벌겋게 부어오르며 땀띠가 나게 됩니다. 특히 아이들은 성인보다 땀샘 밀도가 높아 땀띠가 나기 쉽지요. 주로 목이나 배 등에 발생합니다. 땀띠가 났을 때 가장 중요한 치료법은 환부의 열감을 식혀주는 것입니다. 피부 진정 효과가 뛰어난 알로에를 이용하여 땀띠 전용 바디미스트를 만들어봅시다.

천연 생활로 또 한 걸음

essay 9

지난 생일날 친구로부터 복숭아 향 탈취제를 선물로 받았어요. 뜻밖의 선물을 칙칙 뿌려보고 제가 내뱉은 감탄사는 바로,

"와! 이거 진짜 복숭아 향 같아~ 너무 좋다."

생각해 보니 조금 이상하잖아요. 조향 기술이 발전할수록 사람들이 찾는 건 "더 포근한 복숭아 냄새"나 "더 달콤한 레몬 냄새"가 아니라, "꼭 닮은 복숭아 냄새", "꼭 닮은 레몬 냄새" 향수라는 사실이요. 그러니까 어쩌면 인류 기술이 발전할수록 지구는 초록빛 자연에서 회색빛 기계로 옮겨 가는 것이 아니라, 초록빛 자연에서 초록빛 기계, 그러니까 더욱 진짜 같은 가짜 자연으로 옮겨 가는 것일지도 몰라요. 여전히

'자연적으로' 행동하고, 자연광과 같은 조도에 편안함을 느끼고, 자연에 가까운 향기에 호감을 느끼죠. 기술이 발전해서 만드는 게 더욱 '진짜 같은 가짜'니까요. 3D, 4D영화가 더욱 실제와 같은 스펙타클한 경험을 약속하듯, 향료도 더욱 실제 같은 향기를 향해서 나아갑니다. 하지만 기술이 아무리 발전하고 '자연에 가장 가까운'이 되더라도, 영원히 '자연과 꼭 같은'이라는 수식어는 가질 수 없지요.

그러니까 정말 귀한 것은 사실 흔한 것, 우리 주변에 있지만 의식하지 못하는 것이라고 말할래요. 노케미 생활이 제게 안겨준 건 건강한 몸, 천연 세제뿐만이 아니라 삶과 세상을 돌아보는 또 다른 방법입니다. 애써 세제를 만들어 쓰고 화장품을 만들어 바르는 동안 자연스레 제 몸을 귀하게 아끼게 된 것이에요. 혹여 몸에 해롭지는 않을지 한 번 더 생각하는 습관이 생활 전반에 물든 것이지요. 먹을 때도 좀 더 건강한 것을 찾고, 자세도 왠지 좀 더 바르게 앉게 됩니다. 화장품을 줄인 만큼 물을 더 마시게 되고, 손에 잡히는 화장품이며 탈취제며 하는 것들의 라벨을 습관처럼 읽고요.

그간 반짝이는 도시에 살면서 데면데면해졌던 '자연'과도 다시 친근해졌습니다. 이럴 땐 어릴 적 생각이 많이 나요. 반짝이는 물빛 위로 아빠의 낚싯대, 낙엽을 주워 만들던 엄마의 책갈피, 그 옆에서 바람을 먹겠다며 입을 벌리고 뛰어다니던 철없던 시절이요. 겨울을 위해 도토리를 모으는 다람쥐처럼, 한 뼘 한 뼘 자라기 위해 부지런히 주변의 모든 것들을 긁어모으던 어린 기분으로 세상을 보게 됩니다. 겨울바람, 비린 눈 냄새, 젖은 비 냄새, 나뭇잎 흩어지는 소리, 점점이 부서지는 햇빛, 투명한 물빛 밑으로 매끄러운 자갈이 간지럽게 밟히는 느낌, 모든 것이 마음에 스며들 듯 소중해 보입니다. 심지어 이전이라면 애써 쫓아버렸을 창밖 벌레들도 두고 보게 돼요. 덜 예민해지고, 더 편안해지고, 맑아지고, 전과는 완전히 다른 눈으로 세상을 보게 되었어요.
잔잔한 수면에 돌을 하나 던지면 아무리 작은 돌이더라도 호숫가까지 동그란 파동을 만들어 내는 것처럼, 작은 노력과 관심 하나가 잠들어 있던 일상을 완전히 떨리게, 두근거리게, 살아있게 만든 거예요.

#8 맛있는 화장품

CHAPTER

4

유해물질을 피하는 생활수칙들

화학제품을 버리다

노케미 생활 두 달 차, 어느 날, 심심할 때마다 손에 잡히는 대로 뒷면 라벨을 읽고 있는 나 자신을 발견했을 때, 이제 드디어 집에 있는 물건들을 죄다 버려도 되겠다는 확신이 들었어요. 모아 놓고 보면 하나하나 한숨이 나옵니다. 몇 가지만 대충 살펴보면서 지금껏 내 삶을 반성(?)하는 시간을 갖도록 해야겠습니다.

먼저 달콤한 향이 좋아서 샀던 디퓨져. 다시 맡아보면 팽팽하게 코끝이 아파져요. 섬유유연제 향도 독하게만 느껴지네요. 클렌징, 온갖 파라벤이 다 들어 있었습니다. 즐겨 사용했던 섬유탈취제, 전성분 표기가 영 부실하네요. 가용화제로 무엇이 쓰였을까요? 부엌에 두었던 방향제, 예전에는 '와, 진짜 복숭아 향 같다!'고 말했었는데, 정말 상큼한 레몬향, 오렌지향 방향제를 사용하다 보니 이제 화학적인 알코올 냄새가 느껴져요. 치석제거 치약은 이제 왠지 무섭게 느껴져요.

자리가 잔뜩 생긴 찬장에는 더 의미 있는 물건들을 차곡차곡 넣었습니다. 저렇게 많은 약품들이 가루류 몇 개로 대체가 된다니 이보다 아름다운 일이 있을 리가 있나요. 여러분도 내일은 집안의 화학제품을 싹 정리하는 시간을 가져보세요.

집도, 마음도 가벼워질 거예요.

1

거실 유해물질 예방하기

한때 '새집증후군'이라는 병명이 대한민국을 크게 휩쓸었던 적이 있습니다. 새 집의 새 벽지, 접착제, 가구, 장판 등 건축에 사용된 각종 공업물질 때문에 호흡기나 피부병 등의 문제를 겪는 사람이 늘어난 것이죠. 그럼에도 불구하고 제가 신축 오피스텔로 이사하려고 할 때, 부동산 사장님은 여기는 '신축이라 벌레가 없다'는 것을 자랑스레 강조하며 말씀하셨습니다. 그러나 문제는 바퀴벌레의 유무가 아닙니다. 벌레도 못 사는 집에, 사람이 살고 있다는 것입니다.

가구 고르기

원목이 아닌 합판(일명 MDF) 재질은 톱밥을 접착제와 섞은 이후 압착해서 만든 것입니다. 이런 가공과정에서 톱밥을 뭉치는 접착제가 다량 포함될 수밖에 없기 때문에 포름알데히드가 방출될 확률이 높습니다. 이런 MDF 가구에 노출되면 아토피 등 피부염이나 비염 등 호흡기질환이 발생할 가능성이 있습니다. MDF 재질의 가구는 합판 가구뿐만 아니라 바닥재, 몰딩 등에도 넓게 사용됩니다. 철제 가구의 경우 접착제는 거의 사용되지 않지만 녹슬고 부식되며 유해물질을 발생시킬 수 있습니다.

벽지 고르기

벽지에는 친환경적으로 '보이는' 광고 문구들이 많습니다. '음이온', '바이오' 등 소비자를 현혹하는 문구가 범람하지만, 실제 효과를 입증하기 힘들뿐더러 친환경적 벽지를 사용한다고 하더라도 접착제 등 보조제에서 화학물질이 발생하게 됩니다. 특히 고급 제품 같은 착각을 일으키는 '실크벽지'는 실크와 같은 촉감을 위해 벽지에 PVC 코팅을 입힌 것입니다. 그리고 이때 사용된 가소제들은 발암물질의 위험이 있지요. PVC 재질은 화재 시 유독가스를 발생시키기도 합니다.

가구 등급체크

원목, MDF 등 목재 재질의 가구를 살 때에는 인증마크와 가구 등급을 확인하는 것이 좋습니다. 한국에서는 E1등급이면 '친환경'이라고 광고하지만, US그린가드는 SE0등급이어야 친환경 인증을 해주며, EU의 경우 이미 10년 전부터 포름알데히드 0.4mg 이상은 실내 가구용으로 금지하고 있습니다. 해외에서는 E0등급도 제한적으로만 사용이 허가되어 있는 경우가 많으며, 특히 E2등급은 실내사용이 금지된 곳도 있습니다.

자재등급	포름알데히드 방출량
Super E0	0.3mg
E0	0.5
E1	1.5
E2	5.0

베이크아웃

새집증후군의 주요 원인인 포름알데히드나 휘발성 잔류물질은 이처럼 벽, 천장, 바닥 가리지 않고 여러 곳에서 발생하기 때문에 문제가 되는 제품을 하나로 규정하기가 힘듭니다. 게다가 포름알데히드는 장기간 동안 조금씩 배출되기 때문에, 벽지나 가구 등에 포함된 유해물질은 최소 3년 이상이 지나야 제거가 됩니다.

그래서 신축 건물 혹은 보수작업을 한 건물은 지속적인 환기 또는 '베이크 아웃'을 통해 인공적으로 유해물질을 방출시켜야 합니다.

베이크아웃은 실내 공기 온도를 높여 오염물질을 제거하는 방법입니다. 실내 온도를 높이면 휘발성 유기화합물과 포름알데히드 등 유해물질 배출이 일시적으로 크게 증가합니다. 이렇게 배출된 유해물질을 환기를 통해 없애는 방법입니다.

#9 베이크아웃 방법

❶ 먼저 집 안 가구, 서랍 등은 모두 열어놓고, 비닐포장이 있다면 전부 제거합니다. ❷ 보일러를 30~40도 이상으로 뜨겁게 올려줍니다. ❸ 하루 7시간 정도 이 온도를 유지해 줍니다. ❹ 1~2시간 이상 충분히 환기해줍니다. 이것을 최소 3번 이상 반복합니다. ❗ 베이크아웃 도중에는 유해물질이 증가하므로 어린아이, 노인, 임산부 등 면역력이 약한 사람은 출입을 자제해야 합니다.

2

부엌 유해물질 예방하기

독성으로부터 안전한 반찬통 고르는 법

폴리카보네이트 재질이나 일회용품보다 스테인리스, 유리, 도자기 재질의 반찬통을 이용하도록 합시다.

통조림 피하기

통조림 내부는 부식을 방지하기 위해 비스페놀A가 쓰입니다.

가스레인지 유해물질 피하는 법

가스레인지 사용 시에는 일산화탄소, 이산화탄소, 미세먼지 등이 발생할 수 있으므로 가스후드를 작동시키고, 사용 전후로 환기를 철저히 하도록 합시다.

고무장갑 사용하기

합성세제 사용 시에는 고무장갑을 필수로 착용해야 합니다.

건강한 프라이팬 고르기

코팅 프라이팬은 과불화화합물로 코팅되어 있으므로 스테인리스 프라이팬을 사용하는 것이 안전합니다. 부득이하게 코팅 프라이팬을 사용하는 경우, 스테인리스 소재의 조리기구로 인해 표면이 긁혀 코팅이 벗겨질 수 있으므로 피하도록 합시다.

나무 주방도구 사용 시 주의할 점

나무로 된 도마, 그릇, 주걱 등은 친환경 소재입니다. 그러나 수세미나 오랜 사용 등으로 인해 흠집이 생기면 세균이 번식하기 쉬운 환경이지요. 나무로 된 주방도구는 꼭 햇볕에 말려 사용합시다.

식용유 발연점 지키기

마트에 가면 새삼 식용유 종류가 이렇게 많구나, 하고 놀라게 됩니다. 다 같은 기름이기 때문에 특징도 비슷할 거라고 생각하기 쉬운데요, 잘못된 식용유 사용이 건강을 망칠 수 있습니다. 바로 발연점의 차이 때문이에요. 발연점이란 기름이 연기가 나기 시작하는 온도로, 이때 발암물질인 벤조피

렌 등이 발생합니다. 발연점이 180~90도씨 정도로 낮은 엑스트라 버진 올리브유의 경우 가열 조리에 적합하지 않아요.

올바른 도마 고르기

나무 도마와 플라스틱 도마 중 어떤 것이 더 위생적일까요? 미국 캘리포니아 대학의 연구 결과 나무 도마는 비누 세척만으로도 세균이 잘 죽는 데 비해, 플라스틱 도마의 흠집 사이에 생긴 세균은 웬만한 세척으로는 잘 사라지지 않는다고 해요. 게다가 칼질을 할 때 도마에 흠집이 생기며 생긴 미세한 플라스틱 조각이 음식물에 붙을 위험도 있지요.

3

생활 속 유해물질 예방하기

드라이클리닝 시 유의점

드라이클리닝에 사용되는 테트라클로로에틸렌은 국제암연구소에서 암 유발 가능성이 매우 높은 2A 그룹으로 분류한 물질입니다. 드라이클리닝 이후 옷에서 냄새가 난다면 세탁소에서 더 건조하거나, 옷장에 넣기 전에 비닐을 벗기고 충분히 환기시켜야 합니다.

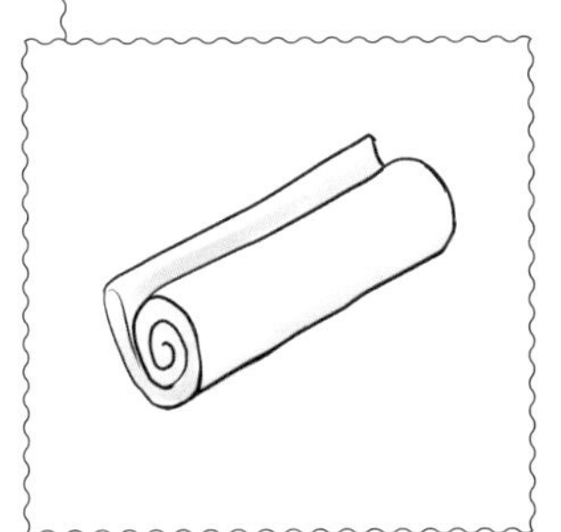

물수건 사용하지 않기

형광증백제는 피부자극의 위험성 때문에 물티슈와 화장품에서 사용이 금지되었지만, 식당용 물수건에는 관련 규정이 없어 여전히 쓰이고 있습니다. 식당에 갔을 때는 되도록 물수건을 사용하지 않도록 합시다.

일회용 제품 반복 사용하지 않기

일회용 제품 자체도 화학물질이 포함되어 있기 때문에 사용을 자제하는 것이 좋지만, 재사용은 절대 금물입니다. 말 그대로 일회성 사용을 위해 만들어진 물건들이기 때문이지요.

환경과 건강을 해치는 미세플라스틱 피하기

각질 제거제나 스크럽, 치약에 들어있는 알갱이들은 사실 아주 작은 플라스틱 조각입니다. 크기가 직경 5mm도 되지 않기 때문에 하수처리장에서 걸러지지 않고 그대로 강을 통해 바다로 흘러들어가게 됩니다. 이 미세 플라스틱을 먹은 해산물이 우리 식탁에 오르기 때문에, 미세 플라스틱이 들어있는 제품을 사용하는 행위는 고스란히 우리에게 돌아오게 되는 것입니다. 치약에 들어있는 미세 플라스틱은 직접 삼킬 가능성도 있겠죠. 성분표에서 폴리에틸렌, 폴리프로필렌, 폴리메틸메타크릴레이트가 들어있는 제품은 피합시다.

메탄올 워셔액 사용하지 않기

차량이 있다면 필수로 워셔액을 사용하게 됩니다. 그런데, 시중에 판매하는 대다수의 워셔액은 메탄올을 주성분으로 하고 있어요. 앞유리에 뿌려진 워셔액은 보닛 틈을 통해서 환기구까지 흘러가게 됩니다. 결국 차량 내부에서 메탄올을 호흡기로 들이마시게 되는 것이지요. 체내로 흡수된 메탄올은 간에서 1급 발암물질은 포름알데히드로 변환됩니다. 뿐만 아니라 눈에 닿으면 시신경계에도 손상을 줄 수 있어요.

메탄올 워셔액을 사용하고 있다면 에탄올 워셔액으로 바꾸거나 만들어 쓰는 것이 바람직합니다.

TIP 에탄올 워셔액 만들기 2L 병에 정제수와 에탄올을 7:3 비율로 넣어줍니다. 세정력을 위해 중성세제를 1g 정도 첨가해줍니다.

영수증 모으지 않기

대부분의 영수증에는 비스페놀A가 포함되어 있습니다. 비스페놀A는 환경호르몬의 일종으로 성 기능 장애를 유발한다고 알려져 있지요. 특히 로션이나 크림을 바른 손으로 영수증을 만지면 유해성분이 빠르게 몸으로 스며든다고 합니다. 그러므로 영수증을 모으는 습관은 자제하는 것이 좋겠죠. 특히 영수증을 만진 손을 입에 대거나 영수증을 직접 입에 무는 행위는 금물입니다.

안전한 세정제 고르기

트리클로산은 핸드워시, 비누 등에서 항균효과를 내기 위해 사용되지만, 내분비계 교란물질로 알려져 있죠. 중요한 것은 미국 FDA의 트리클로산 성분 조사 결과에 따르면 일반 액상비누와 트리클로산 액상비누 사이 항균효과에 큰 차이가 없는 것으로 밝혀졌다는 사실입니다. 불분명한 '항균'기능을 기대하기보다 항균 기능이 없더라도 안전한 제품을 사용하는 것이 바람직합니다.

'살균'광고도 마찬가지입니다. 현재 우리나라에는 불분명한 살균 제품들이 참 많습니다. 그러나 가습기 살균제 사건에서도 볼 수 있듯, 안전성 검사가 제대로 시행되지 않은 살균제품은 유해 세균이 아니라 인체를 병들게 합니다. 설문조사에 의하면 소비자 80% 정도가 '안전' '친환경' '무해' 등의 제품 광고 문구를 믿는다고 답변했습니다. 그런데 시중 제품 중에는 실제로 허위광고나 허위마크를 부착한 사례가 적지 않은 만큼, 제품에 붙은 광고용 라벨을 그대로 믿기보다는 항상 전 성분을 확인하는 습관을 들입시다. 또 제품 구입 시에는 믿을만한 인증기관에서 인증된 제품인지 확인해야 합니다.

5

화장품 성분표시 읽는 방법

얼마 전, 한 유명 화장품 회사에서 판매한 틴트가 소비자들을 분노케 했습니다. 틴트를 발랐더니 입술이 부르트고 벗겨졌다는 부작용 사례가 속출한 것입니다. 13만개 이상 판매되며 인기를 얻었던 이 제품은, 착색제, 알레르기 유발성분 등 무려 10가지의 주의성분을 포함하고 있다는 사실이 알려지며 큰 공분을 샀습니다.

'친환경', '천연' 화장품의 경우 명확한 인증기준이 없기 때문에 친환경 마크로는 명확한 판단을 내릴 수 없습니다. 이에 비해 유기농 화장품은 식약처 산하에서 관리하여 인증기준이 뚜렷하지만, 모든 인증마크가 같은 권위를 가진 것이 아니므로 주의해야 합니다. 또, 현행법으로는 화장품 완제품이 유기농인지, 제조 원료가 유기농인지 명확히 밝히고 있지 않으므로, 제조과정도 되도록 투명하게 공개된 화장품을 구매하도록 해야 합니다. 유기농 인증마크는 크게 두 가지 기관에서 부여하는 것으로 구분할 수 있는데, 먼저 국제 인증기관인 국제유기농업운동연맹과, 각 국가 정부 산하기관이 자체적으로 부여하는 인증마크가 있습니다.

요즘에는 화장품 성분분석 어플을 통해서 쉽게 화장품의 유해성분을 확인할 수 있습니다.

화장품 인증마크들

—

- 미국 농무부 산하기관인 USDA에서 인증한 USDA 오가닉 마크
- 프랑스의 국제 유기농 인증기관인 에코서트의 인증마크와 코스메비오 인증마크
- 국제유기농업운동연맹(IFOAM)에 등록된 인증기관
- 일본 농림부가 부여하는 JAS마크
- 영국 국립 유기농 인증기관 Soil association의 인증마크

착한 학용품 구매 가이드

교육부는 지난 2013년 '착한 학용품 구매 가이드'라는 책자를 발간하였습니다. 어린이들이 사용하는 플라스틱 장난감, 지우개나 파일 등의 학용품 들은 플라스틱(PVC) 소재가 대부분이고, 또 이런 PVC는 내분비계 교란물질인 프탈레이트나 중금속을 포함하고 있을 확률이 매우 높기 때문이죠.

프탈레이트

가방이나 필통 표면이 반짝이는 재질이라면 광택을 위해 프탈레이트가 함유되었을 가능성이 있습니다. 노트나 파일 표지가 플라스틱 재질이거나 비닐 코팅된 경우에도 가소제인 프탈레이트가 함유되어 있을 수 있지요. 지우개를 말랑거리게 하기 위해서 프탈레이트가 사용되었을 수 있으므로 지나치게 부드러운 지우개는 피합시다. 특히 지우개나 펜은 어린이들이 습관적으로 입에 물거나 깨무는 경우가 많으므로 각별한 주의가 필요합니다.

중금속

클립이나 머리핀 등을 코팅한 화려한 색상의 페인트에는 중금속이 함유되어 있을 가능성이 있습니다.

형광증백제

노트 내지가 일반적인 종이보다 지나치게 하얀 경우 형광증백제나 표백제를 이용하여 인위적으로 표백했을 가능성이 있습니다.

가향 물질

향기 나는 지우개, 펜 등에 포함된 가향 물질은 원료가 불분명한 경우가 많으므로 되도록 피하도록 합니다.

관련사이트, 어플 모음

케미스토리

HOMEPAGE http://www.chemistory.go.kr/csu/main.do

—

환경부에서 어린이들을 위해 운영하는 사이트입니다. 어린이 환경과 건강에 관한 자료, 어린이 화학교실 등의 서비스를 제공하고 있습니다.

녹색제품정보시스템

HOMEPAGE http://www.greenproduct.go.kr

—

한국환경산업기술원에서 운영하며, 생활용품, 학용품 등 녹색제품 정보를 제공합니다.
녹색제품 인증은 온실가스 및 오염물질 발생을 최소화한 제품에 이루어집니다.

녹색장터

HOMEPAGE http://shop.greenproduct.go.kr

—

한국환경산업기술원이 친환경으로 인증된 각종 사무용품, 주방용품, 토목자재 등을 판매하는 사이트입니다.

제품안전정보센터

HOMEPAGE http://www.safetykorea.kr

—

국가기술표준원에서 운영하며, 국내외 제품안전인증을 검색할 수 있습니다.

생활환경 정보센터

HOMEPAGE https://iaqinfo.nier.go.kr/

—

국립환경과학원이 주택, 실내공기질 오염원과, 관리법등의 정보를 제공합니다.

화학물질 정보시스템

HOMEPAGE http://ncis.nier.go.kr/ncis/Index

—

각종 화학물질에 대해 참고할 만한 정보를 검색해 볼 수 있습니다.

화해; 화장품을 해석하다

—

EWG 등급에 의거하여 국내외 화장품의 성분을 분석해주는 어플입니다. 화장품 성분 분석 외에도 실사용자의 화장품 리뷰나, 피부 및 뷰티 상식 등도 제공하고 있습니다.

No
Chemistry
노케미 생활을 시작했다.

No
Chemistry
수군
수군
솔직히,
어떤 사람들은 노케미를

채식이나...
엄청난 자급자족처럼 생각하는데,

정작 하는 사람은 세상 편함!

#10 노케미 생활

OUTRO

화학없는 삶

아침에 눈을 뜨자, 식초를 넣고 빤 부드러운 이불에서는 은은한 라벤더 오일 향기가 납니다. 요새 늦게까지 잔업이 많은 때라 불면증에 시달리는데, 덕분에 마음 편하게 깊은 잠을 잘 수 있어요.

욕실에서 코코넛 오일 치약으로 이를 닦고, 직접 만든 샴푸와 허브 린스로 머리를 감습니다. 냉장고에서 오이 스킨과 코코넛 로션을 꺼내 발랐더니 피부도 상큼하게 잠에서 깨는 기분이에요. 밥을 먹고 천연 세제로 그릇을 닦아 줍니다. 싱크대에서는 은은한 레몬 향기가 나고 있어요. 전날 회식으로 고기냄새가 나는 듯한 셔츠에 EM 탈취제를 뿌려주니 냄새가 금방 사라집니다. 색을 보니 내일은 꼭 과탄산소다로 눈부시게 표백해 줘야겠어요. 집에 돌아오니 욕실 곳곳 곰팡이가 유난히 눈에 띕니다. 과탄산소다와 뜨거운 물을 뿌려서 청소해 주어요. 번거롭게 닦을 필요도, 환기할 필요도 없다니 너무 간편하죠. 목욕물에는 오일 몇 방울을 떨어트려서 하루 종일 고생한 근육을 이완시킵니다. 창문에 계피를 걸어두었더니 올 여름엔 벌레도 별로 보지 못했네요. 에센셜 오일을 이용해 만든 디퓨저 향을 맡으며 차분한 하루를 마무리해 봅니다. 다시 사각거리는 이불 안으로 들어가 라벤더 향을 맡자 금세 잠이 들어요.

찰랑거리는 물은 0도씨에서 갑자기 딱딱하게 얼어버리고, 100도씨에서 돌연 증기가 되어 날아가 버립니다. 낙타의 등 위에 무거운 짐을 몇 개씩 올려놓아도, 결국 낙타의 등을 부러트리는 건 마지막으로 올라간 지푸라기 하나이고요. 이렇게 어떤 물질이 질적으로 변화하는 지점을 과학에서 '임계점'이라고 부른다고 해요. 이 순간은 조금씩 소리 없이 쌓이며 다가와서, 일순간 물을 증기로 변화시키고 이전과는 질적으로 전혀 다른 삶을 펼쳐놓지요.

그러니까, 삶을 변화시키는 건 아주 무겁고 어려운 사건이 아니라, 정말 사소한 결심, 간단한 도전, 가벼운 지푸라기일 거예요. 어디든 상관없으니, 손에 잡히는 것부터 조금씩 천연세제 만들기를 시작해 보세요. 시작은 항상 두근거리는 단어입니다.

이제 책은 마지막 페이지를 앞두고 있지만, 여러분의 화학제품 없는 하루는 오늘 시작될 거예요.

누구나 쉽~게 노케미 하우스

초판 1쇄 펴낸 날 | 2016년 10월 28일

지은이 | 정채림
펴낸이 | 홍정우
펴낸곳 | 브레인스토어

책임편집 | 남슬기
일러스트 | 최신영
디자인 | 김한기
마케팅 | 한대혁, 정다운

주소 | (121-894) 서울특별시 마포구 양화로7안길 31(서교동, 1층)
전화 | (02)3275-2915~7
팩스 | (02)3275-2918
이메일 | brainstore@chol.com
페이스북 | http://www.facebook.com/brainstorebooks

등록 | 2007년 11월 30일(제313-2007-000238호)

ISBN 978-89-94194-92-9 (03590)

이 도서의 국립중앙도서관 출판예정도서목록(CIP)은 서지정보유통지원시스템 홈페이지(http://seoji.nl.go.kr)와 국가자료공동목록시스템(http://www.nl.go.kr/kolisnet)에서 이용하실 수 있습니다.(CIP제어번호: CIP2016023840)